趣味科学大联盟

彭翕成 殷英◎著

有趣得让人睡不着的数学故事

U0233929

人民邮电出版社

北 京

图书在版编目（CIP）数据

有趣得让人睡不着的数学故事 / 彭翕成，殷英著
. -- 北京 ：人民邮电出版社，2024.6
（趣味科学大联盟）
ISBN 978-7-115-62878-7

Ⅰ．①有… Ⅱ．①彭… ②殷… Ⅲ．①数学－普及读
物 Ⅳ．①O1-49

中国国家版本馆CIP数据核字(2023)第192579号

内 容 提 要

数学是一门充满智慧的学问。在人类数千年的历史中，数学不断推动着文明的进步和社会的发展。数学不仅可以用于丈量土地、交易货物，而且可以用于设计飞船，帮助人类飞向太空。可以说，数学无处不在，而又博大精深。

对于小朋友来说，应该如何学习数学，如何培养数学思维？在这本书中，作者结合大量的历史知识和生活中的现象，撰写了80多篇有趣的数学故事。这些故事不仅展示了数学的作用，而且有利于小朋友培养数学思维，养成用数学的眼光分析问题，用数学的思维思考问题和解决问题。

本书适合喜爱数学的小朋友阅读。

◆ 著　　　　彭翕成　殷　英
　责任编辑　刘　朋
　责任印制　陈　犇

◆ 人民邮电出版社出版发行　北京市丰台区成寿寺路 11 号
　邮编 100164　电子邮件 315@ptpress.com.cn
　网址 https://www.ptpress.com.cn
　涿州市京南印刷厂印刷

◆ 开本：880×1230　1/32
　印张：7.625　　　　　2024 年 6 月第 1 版
　字数：123 千字　　　　2025 年 5 月河北第 6 次印刷

定价：39.80 元
读者服务热线：**(010)81055410** 印装质量热线：**(010)81055316**
反盗版热线：**(010)81055315**

前言

在一些小读者看来，语文课上有许多有意思的人文趣事，而数学课则枯燥得多，学习数学无非就是不断地学习各种计算法则，反复刷题。事实表明，长期机械化地做题会使得一些学习者逐渐丧失对数学的兴趣，甚至会出现刷题越多而效果越差的奇怪现象。

数学课本并非学习数学的唯一渠道，课外阅读提供了更广阔的天地。在学习课内知识的同时，广泛开展数学阅读，一张一弛，效果会更好。

"横看成岭侧成峰，远近高低各不同。"从不同角度看同一事物时，人们的感觉相差很大。数学课外读物和数学课本的讲述方式大不一样，最明显的特征是课外读物的趣味性要强得多。例如，数学课本和教辅资料上所讲的进水管和出水管问题较为无趣，而课外读物则会用更生动的案例（如边玩手机边充电，啥时候手机能充满电）来介绍同一知识点。

本书通过"数学漫谈""数学探秘""数学慧眼""数学经纬"四部分带领小读者从不同的角度认识数学。相信这些有趣的课外故事能帮助小读者拓宽视野，感受数学的作用和美妙，同时更深刻地理解和掌握课堂内要求掌握的数学知识和技能。

在阅读本书时，你若有疑问或想对作者提出一些建议，可发邮件至pxc417@126.com。

作者

目录

数学漫谈

数学也需要想象

大诗人李白用"蜀道之难，难于上青天"来形容蜀道之艰险，用"飞流直下三千尺，疑是银河落九天"描绘遥看瀑布时的情景。人们无不为诗人的神奇想象所折服。其实，不只是文学需要想象，数学同样也需要想象。

一个农民饲养了若干只鸡和兔子，它们共有50个头和140只脚，问鸡和兔子各有多少只。这是我国古代著名的鸡兔同笼问题。下面我们看看一位同学是怎样解决这个问题的。他首先想象鸡和兔正在进行非凡的杂技表演，每只鸡都用一只脚站着，而每只兔子都只用两只脚站着。在这种情况下，总脚数只出现了一半，即70只脚，而70相当于鸡的头只数了一次，兔子的头数了两次。从70里减去总的头数50，剩下的就是兔子的头数，70-50=20，即兔子有20只，鸡当然就只有30只了。你看，凭借想象，原来复杂的问题一下子就能转化成简单的问题了。

大家一定知道三角形的内角和是180°，而罗巴切夫斯基、黎曼等人想到了三角形的内角和可以大于180°，也可以小于180°，从而创立了非欧几何。例如，从地球的同一条纬线上相隔一段距离的任意两点出发，朝同一方向作两条与纬线垂直的经线，它们总会在地球的某一极（南极或北极）相交，构成一个球面三角形。这个三角形的内角和就大于180°。

爱因斯坦曾说过："想象力概括着世界上的一切，它推动着进步，并且是知识进化的源泉。"这也验证了一句老话："不怕做不到，就怕想不到。"那么，丰富的想象力又是从哪里来的呢？它既不可能从天上掉下来，也不是我们的头脑中固有的，而是在我们的学习和实践中逐步培养和锻炼出来的。我们应勤学博览，扩大知识面，接受各种新的信息，获得新的启发，从而丰富和增强自己的想象力。

不积跬步，无以至千里

有这样一个笑话：一个人上街买烧饼吃，先吃一个没饱，再吃一个还是没饱，吃下第三个后饱了。于是，他很后悔，气愤地说："肚子是在吃了第三个后饱的，早知这样，光买第三个就行了。"这则笑话的寓意深刻，它讽刺了贪多求快、好高骛远的现象，说明做任何事都不能忽视基础工作，只有循序渐进，才能最终达成目标。我们的学习也是一样的，如果连老师在课堂上讲授的基本内容都没掌握好就去钻研难题，结果会由于基础知识掌握不牢，总是得不偿失。

在学习中，你也许遇到过这样的情况：一个问题，今天解决不了，明天还没有解决，后天也没有解决，但在第十天的时候忽然解决了。从表面上看，前九天的功夫好像白费了，其实不然，没有前九天坚持不懈的思考和努力，也就不会有最后一天的顿悟和成功。著名数学家笛卡儿创立的解析几何（同学们以后在中学会学到）被称为数学史上的一次重大突破，你知道它是怎么诞生的吗？当时，作为军人的笛卡儿在军营中仍不忘研究数学，他利用一切可利用的时间思考一个全新的问题：使几何图形数值化，从而能用计算的方法去解决。正是由于这样长期紧张的思考，在某一天的晚上，笛卡儿连续做了三个奇怪的梦，这些梦改变了他的整个生活的方向。无疑，梦中的情景激发了笛卡儿的灵感。"连做梦也在想"，笛卡儿的解析几何正是在这种情况下诞生的，而这一天也成了近代数学的开端。

古语云：不积跬步，无以至千里！我们要实现任何一个目标都必须打好基础，经历探索的过程。这个过程是积累的过程，是体验思维快乐的过程，是不断实现自我的过程。

数学中的"模糊"

很多同学在看到这个题目时会感到奇怪:"数学不是要求严密、精确吗?怎么还会"模糊"呢?"别急,看看下面这几个生活中的例子,你就能明白什么是数学中的"模糊"了。

当有人问你多少岁时,你也许会毫不犹豫地回答:"我10岁了。"你今年10岁没错,不过你的回答并不精确,因为你回答的只是自己年龄的近似值,你的真实年龄可能比10年多几天,也可能比10年多几个月,其间的差别还是蛮大的呀!所以按道理,你应该回答说你的年龄是几岁零几个月几天几小时几分几秒。然而,在生活中并不需要这样详细的答案,当有人问起你的年龄时,你只需要说出自己年龄的近似值,别人也只需要知道这个近似值,而不会去仔细分辨。这样的回答就是模糊的。

再举一个例子。一粒米肯定不叫一堆,两粒也不是,三粒也不是……但是,所有人都同意1亿粒米肯定是一堆,同时大家也会同意50万粒米也是一堆。那么,适当的界限在哪里呢？也就是说，究竟多少粒米才能叫作一堆呢？这个问题是很难回答的，因为我们无法对诸如123456粒米和123457粒米等情况进行严格的区分，只能从整体上将它们都笼统地叫作一堆。这是不是有些模糊？

说到这里，你可能会问："是的，是有些模糊，可研究这样的模糊问题又有什么用呢？"好，我们继续举例说明。

如果我让你在一块西瓜地里找出一个最大的西瓜，你能完成任务吗？你一定会皱着眉头说："地里的西瓜看上去都差不多大，如果一定要找最大的西瓜，那么就必须把地里所有的西瓜都拿来进行比较，才能知道哪个西瓜最大。要是西瓜地很大很大，这不是太麻烦了吗？"好吧，既然这个精确的任务让人无法完成，那么我们就换个要求，到地里去找一个大西瓜，可以吗？"嘿，这个简单！"你一定会这么回答，而且马上就能完成任务。知道吗？后一种要求其实就是个模糊的要求，因为究竟多大的西瓜才是大西瓜，标准是模糊的。但是你会发现，模糊的问题反而容易解决。由此可见，适当的模糊会使问题得到简化，解决起来比较方便。

因为生活中这种模糊现象随处可见，于是一个数学分支——模糊数学就产生了，它正是为研究和解决问题而产生的。不过，模糊数学并不是模模糊糊的数学，它的本质并不模糊，你可千万不要产生误解！

天干地支

干支纪年是中国的传统纪年方法。甲、乙、丙、丁、戊、己、庚、辛、壬、癸被称为十天干，而子、丑、寅、卯、辰、巳、午、未、申、酉、戌、亥则被称为十二地支。天干和地支合起来就是人们通常说的天干地支，简称干支。干支的起源可以追溯到3000多年前，直到今天我们中国人仍在使用它!

一般情况下，我们都是按照一一对应的方式进行搭配的，而这里有10个字的天干和12个字的地支，它们又该如何搭配呢? 其实是这样规定的: 当天干的10个字配好相应地支的10个字之后，这时地支仍剩两个字(戌和亥)，然后我们再用天干与地支余下的两个字搭配，就有了甲戌、乙亥。这时地支的12个字全配好了，天干却只配了两个字，还有8个字呢! 那么，让天干剩余的8个字再与地支从头配一遍。这样一遍一遍配下来，直到天干与地支正好全配完为止，即甲子、乙丑、丙寅、丁卯、戊辰、己巳、庚午、辛未、壬申、癸酉、甲戌、乙亥、丙子、丁丑、戊寅、己卯、庚辰、辛巳、壬午、癸未、甲申、乙酉、丙戌、丁亥、戊子、己丑、庚寅、辛卯、壬辰、癸巳、甲午、乙未、丙申、丁酉、戊戌、己亥、庚子、辛丑、壬寅、癸卯、甲辰、乙巳、丙午、丁未、戊申、己酉、庚戌、辛亥、壬子、癸丑、甲寅、乙卯、丙辰、丁巳、戊午、己未、庚申、辛酉、壬戌、癸亥。

思考一下，这里需要用多少回天干，多少回地支呢？实际上，就是计算天干与地支的最小公倍数，而10与12的最小公倍数是60，因此天干地支共有60个，60年为一个循环，通常讲一个甲子。干支纪年在我国的应用非常广泛，许多重大历史事件都是以干支纪年法命名的，比如戊戌变法、辛亥革命、甲午战争……

根据干支纪年的规则，如果告诉你2015年是乙未年，你能推算出下列年份在干支纪年中是哪一年吗？

（1）香港回归祖国：1997年，干支纪年为_____。

（2）北京冬奥会举办：2022年，干支纪年为_____。

什么是命题

初中教材认为，命题是判断一件事情的语句。高中教材认为，命题是可以判断真假的语句。判断为真的语句叫作真命题，判断为假的语句叫作假命题。让我们看看下面这个精彩的小故事。

有户人家里诞生了一个新生命，全家人十分高兴。孩子满月的时候，家人将其抱出来给客人看，自然是想得一个好兆头。一个人说："这孩子将来是要发财的。"他得到一番感谢。另一个人说："这孩子将来是要死的。"他得到大家的一通合力痛打。说要死的必然，说富贵的未必，但说谎的得好报，说必然的遭打。如果一个人既不想说谎也不想遭打，他该怎么说呢？他可以这样说："啊呀！这孩子啊！您瞧！那么……哈哈！"

这孩子将来是要死的。这是命题，而且是真命题。

"啊呀！这孩子啊！您瞧！那么……哈哈！"这不是命题，因为不是陈述句。

"这孩子将来是要发财的"这句话需要分析。我个人认为这算是命题，真假必居其一，只是暂时无法判断而已，等几十年后，结果自现。这就好比我们随手写了一个很大很大的数，大到目前使用计算机也无法判断它是素数还是合数，然后说这个数是素数。

王维有一首诗《相思》："红豆生南国，春来发几枝？[1]愿君多采撷，此物最相思。"此诗最绝妙之处是采用了陈述句、疑问句、祈使句等句型。其中"红豆生南国"陈述了红豆生长地的情况，而且符合事实，所以是一个真命题。

疑问句一般不对事物做出真假判断，只是提出问题。只有反问句才表示判断。

祈使句的意思是要求、请求、命令、劝告、叮嘱或建议别人做或不做一件事，更多的是主观上的看法，不存在真与假。

---

[1] 也有人认为此处应该用句号，表示陈述语气。

由乌鸦喝水想到的

同学们大都听说过这样一个故事：一只乌鸦在炎热的夏天因口渴四处寻找水源，最后发现一个细颈瓶中盛有少量的水。经过几番尝试，它都无法喝到瓶中的水。情急之下，乌鸦想出一个好方法——用嘴衔石子，将其一个一个地放入瓶中。功夫不负有心人，乌鸦终于喝到水了。

大家根据常识可以知道，放一个石子到瓶中，瓶中的水位就会上升一些。不断地放石子，水位可上升至瓶口。实际上，人们发现一个石子进入水中就会挤占与石子体积相等的水的空间。如果能测量出水和石子的总体积以及原来水的体积，就可以知道石子的体积了。

早在两千多年前，古希腊著名学者阿基米德就发现了这一现象，并提出了著名的阿基米德定律。

传说两千多年前，叙拉古王国的国王希罗找了一个珠宝商，给了他一些金子让他制作一项王冠。制成的王冠非常漂亮，也跟原来国王给的黄金一样重。但是国王怀疑珠宝商窃走了他的一部分黄金，而在王冠中掺进了同样重的白银，他请阿基米德鉴定王冠是不是纯金的，但不准弄坏王冠。阿基米德苦思冥想了许多天，但没有结果。一天，他到盛满水的浴缸中洗澡。当跨入浴缸时，他注意到浴缸里的水往外溢。他顿时豁然开朗，兴奋地喊道："我找到了，我找到了！"

原来，同样重的纯金王冠和掺了白银的王冠的体积是不相同的，把它们放进盛满水的浴缸中，溢出的水的体积当然也不一样。阿基米德正是这样找到了鉴定王冠的办法。

这些看似与数学无关的问题其实蕴藏着计算不规则物体体积的方法。科学研究中的许多原理、定律正是人们从这些看似无关的问题中发现的。

池塘里有多少条鱼

有的时候，我们不能准确地计算出事物的多少，比如池塘里的鱼的数量、田地中的水稻的产量等。这时就需要估算。所谓估算就是粗略、大致的计算。虽然估算并不准确，但也要讲究方法，使得估算出的数值与准确值比较接近。

比如，估计水稻的产量时，常用的办法是先收割一部分水稻，可以先收割一亩水稻。假如这一片一共有1000亩水稻，我们用一亩水稻的产量乘以1000，就可以算出1000亩水稻的产量。有时为了减小误差（误差是测量值与真实值之间的差。由于是估算，误差是不可避免的，只能适当地减小），可以分不同的地块先收割一小部分水稻，然后算出它们的亩产量的平均数。这种方法比前一种方法好，这里的样本（观测或调查的一部分个体）抽取更加科学，算出的结果更加准确。

但是，在统计池塘中的鱼的数量时，这样的方法就不合适了，因为鱼在池塘中到处游动，而且不同地方的鱼的数量也不一样。我们不可能把鱼全部捕捞上来数一数，这时该怎么办呢？先从池塘中任意捕捞一些鱼，比如100条。在这些鱼的身上做上记号，再将其放回池塘。过一段时间以后，可以认为这些做过记号的鱼游到了池塘里的每个地方，均匀地分布到整个鱼群中了。这时，再捕捞100条鱼，如果发现其中2条是上一次捕捞时做过记号的鱼，也就是说有记号的鱼的比例是$\dfrac{2}{100}$。根据这个比例关系，我们可以估算出池塘中的鱼的数量为$100 \div \dfrac{2}{100} = 5000$（条）。

　　同样，为了减小误差，我们也可以在不同时间从不同地点多次捕捞100条鱼，数出其中做过记号的鱼的数量，计算它们所占的比例，算出池塘中的鱼的总数，最后算出平均数。虽然这样做复杂了一些，但计算结果比前一种方法更精确。

"真懂"与"假懂"

你一定想知道什么是"真懂",什么是"假懂"。简单地说,上课一听就懂,老师一问就蒙;看书一读就会,题目一做就晕。如果你存在这种现象,那就不算真懂。

如果你还不确定自己属于哪一种类型,那么就给你举个例子。有这样一道题目:小明和小军去摘苹果,小明摘了75个,小军摘的苹果是小明的3倍少55个。问:小军摘了多少个苹果?

这还不简单,你肯定能够很快列出算式75×3-55。

再来一道题目:甲、乙两辆汽车同时从A、B两地相向开出,第一次在离A地75千米处相遇。相遇后两辆汽车继续前进,到达目的地后都立刻返回,第二次在离B地55千米处相遇。求A、B两地间的路程。

这个行程问题有点难度了,其实答案依然是75×3-55。

虽然这两道题目的算式是一样的,但是对学生思维的要求可不一样。如果这时老师正在讲台上讲解第二道题目,讲完之后问同学们"懂了吗",这时一般会出现这样一种现象，大家异口同声地喊"懂了"。实际上，其中一部分同学懂得的是如何计算"75×3-55"这个算式，而不是如何根据题意列出算式。

老师在讲完一道题目后，会出几道类似的题目。如果你只能"依葫芦画瓢"，那么你看似做对了，其实还是"假懂"，因为只要将题目重新包装一下，换个"马甲"，你就会认为那是一道新的题目，自己以前没有见过类似的题目。

在数学学习过程中，千万要避免"假懂"，因为这会造成你的数学基础不牢。这如同建造房子，地基不牢，就无法建成高楼大厦。

要想"真懂"，可以分两步走。第一步，知其然且知其所以然，这为学习的最高境界，如此才叫"学会学习"。第二步，熟能生巧。可有些学生在"假懂"的情况下，把多做题当成了唯一的法宝，采取机械的题海战术，那就不可能学好数学，甚至会形成恶性循环，越学越差！

求学问，从不知到知，从没有印象到有印象，还要"印"得正确，"印"得清楚，绝不是轻而易举就能做到的。一定要经过艰苦的付出，通过多次反复钻研和练习，才能达到这样的境界。

对照自己，不能"假懂"，更不能"装懂"，要做到"真懂"。

回文数猜想

回文诗也称回环诗，就是正读倒读皆成章句的诗篇。回文诗读来回环往复，绵延无尽，给人以荡气回肠、意兴盎然的美感。下面举两例。

菩萨蛮

【清】纳兰容若

雾窗寒对遥天暮，暮天遥对寒窗雾。

花落正啼鸦，鸦啼正落花。

袖罗垂影瘦，瘦影垂罗袖。

风翦一丝红，红丝一翦风。

记梦

【宋】苏轼

空花落尽酒倾漾，日上山融雪涨江。

红焙浅瓯新火活，龙团小辗斗晴窗。

【倒读】

窗晴斗辗小团龙，活火新瓯浅焙红。

江涨雪融山上日，漾倾酒尽落花空。

在数学中，也有像回文诗一样的回文数和回文式。例如，212、12321、32123从左到右和从右到左的读法完全一样。下面我们利用有名的"回文数猜想"，可将一个任意数制造成回文数。具体方法是：任意写一个数，再把它倒着写一遍，然后求出倒序数与原数的和，此为一次运算。如果得数不是回文数，则写出这个得数的倒序数，再求和，这称为二次运算。这样反复求和，最后就可以得到一个回文数。例如，对于354，有354＋453＝807，807＋708＝1515，1515＋5151＝6666，6666即为回文数。又如，对于782，有782＋287＝1069，1069＋9601＝10670，10670＋07601＝18271，18271＋17281＝35552，35552＋25553＝61105，61105＋50116＝111221，111221＋122111＝233332，233332则为回文数。

请同学们任写两个数，用这两个数造出回文数。

上面所说的回文数猜想至今仍是一个谜，为什么呢？原来，到现在为止还没有人证明这种方法是正确的，但也找不到一个数来说明这种方法不正确。你有兴趣证明这个猜想吗？努力学习数学，解开这个谜团。

有一个特别的数196，人们用这个数到现在还没有造出回文数。有人用电子计算机对这个数进行了几十万次运算，都没有发现回文数，但我们也只能说"没有造出回文数"，却不能说明用这个数造不出回文数。期待同学们在未来能够证明这个回文数猜想。

数据里的陷阱

张家有钱一千万，

九个邻居穷光蛋。

平均起来算一算，

个个都是张百万。

这首打油诗讲的是这十家总共有钱一千万，那么平均每家都有一百万，看似家家都是百万富翁，但其实只是一家特别有钱，其他九家都是穷光蛋。这九家穷光蛋因为与"张千万"合在一起来算平均财产，不幸"被富裕"了，都成了百万富翁。这种说法显然有些夸张，但告诉我们一个道理，仅靠平均值来了解一个群体的收入情况是极其不妥的，它有时会掩盖严重的分配不均的事实。因此，我们要拥有像鹰一样的眼睛，看透数据背后隐藏的秘密。

在美国与西班牙交战期间，美军死亡率是千分之九，而同期纽约居民的死亡率是千分之十六，海军征兵人员以此来证明其实参军更安全。假定这些数据是正确的，你也需要停下来思考，能否找到这些数据的来源？

其实，这两个数据是不可比的。海军主要是由那些体格健壮的年轻人组成，而城市居民包括婴儿、老人、病人，他们无论在哪儿，死亡率都比较高。其实这么想想就很简单，把纽约居民放到美国海军的交战环境中当然不公平，而把海军放到纽约居民的生活环境中呢？这些20岁左右的小伙子能有几个人会死？有没有千分之十六的比例？这才是该和纽约居民的死亡率比较的数据。

谈谈单位1

人们认识1要远比认识0早。在所有自然数中，即便1当不了领头羊，它也有着自己独特的魅力，那就是1还可以升级为抽象意义上的单位1。

树林里有很多树。当我们说"一棵树"时，就是将一棵树看作1个单位；当我们说"一片树林"时，就是将一片树林看作1个单位。

1就好像孙悟空的金箍棒，既可变大也可缩小，看你怎么用着方便。下面这个故事很好地说明了单位1的思想。

古时候，一位国王问身边的大臣："王宫前面的水池里共有几杯水？"

大臣回禀道："这个问题只要问一个小学生就能得到正确的答复。"于是，一个小学生被叫来了。

"王宫前面的水池里面共有几杯水？"国王问他。

"要看用怎样的杯子。"小学生应声答道，"如果杯子和水池一般大，那就是1杯；如果杯子只有水池的一半大，那就是两杯；如果杯子只有水池的$\frac{1}{3}$大，那就是3杯；如果……""你说的话完全对！"国王奖赏了小学生。

池子里的水当然可以看作1个单位，至于能不能找到承载这"1个单位"的水的容器，那是另外一回事了。

还有一个小气鬼做帽子的故事也很有意思。

有个小气鬼拿了一块布去请一个裁缝做一顶帽子。他问布够不够，裁缝量了布之后说："布够了。"但是，这个小气鬼疑心裁缝要私吞他的布，于是他就问："这块布够不够做两顶帽子？"裁缝看透了他的心思，就回答说："够做。"小气鬼还不罢休，又问："够不够做3顶帽子？"他添上一顶又一顶，直到5顶。裁缝总说能够做。这样，他们谈妥了，用这块布做5顶帽子。

等到约定取帽子的那一天，小气鬼到了裁缝店。他看到裁缝做好的5顶帽子小得只能套在手指头上。小气鬼发现自己上当了，于是和裁缝争吵了起来。

你知道他们的争吵究竟是由什么引起的吗？

其实就是他们二人对单位1的看法不同。裁缝认为只要每顶帽子的基本部件齐全，就是一顶合格的帽子，小一

点儿就小一点儿。一个单位1分解之后，可以得到很多个单位1。而小气鬼也是自作自受，只讲数量，却没指定一定要能戴到自己的头上。

得意莫轻狂

自古以来，骄傲使人失败的例子很多，比如项羽自刎于乌江、关羽败走麦城、曹操挫于赤壁。骄傲会使优势逆转，甚至造成败局。历史上的战例涉及的因素复杂，不能简单评价。下面不妨以大家熟悉的田忌赛马为例进行分析。

齐威王每一等级的马都胜于田忌相应等级的马，优势不可谓不大。若他不事先泄露自己的策略，而田忌也不傻乎乎地照顺序"出牌"，双方的马都是随机出赛，那么可能的情形会有以下6种（见下表），齐威王的胜算大，有 $\frac{5}{6}$ 的获胜机会。他有这么大的优势，结果反而落败，不得不让人惋惜。

齐威王	田忌					
上	上	上	中	中	下	下
中	中	下	上	下	中	上
下	下	中	下	上	上	中
胜负	负	负	负	负	负	胜

如果对手狂妄，把主动权交给你，你也不是一点儿获胜的机会也没有。就像齐威王和田忌赛马一样，两人同级别的马相比较，都是齐威王的马强一些，也算是"基本覆盖"，但还没有完全"覆盖"。而齐威王暴露了自己的策略，让出了主动权，结果输了。

下面再介绍一个与数学有关的例子。

两人比计算速度，一人用计算器，一人用算盘。谁会赢呢？如果要下赌注，我想大部分人会投注给用计算器的人。

如果此时用计算器的人得意忘形，对那个用算盘的人说："兄弟，不要怪我不给你机会，比试的题目任由你出。"

那么，此时你还会坚持原来的想法下注吗？用算盘的人可以出这样的题目：1000001＋10000001＋100000001＋1000000001＋10000000001＋100000000001。

算盘最擅长的是加法。为什么上面给出的数中都只有0和1呢？因为0在算盘上用空档表示，无须理会，直接跳过去；而用计算器时则必须一个不漏地输入。所以，出这样的题目对用算盘的人极其有利。

一个人用算盘，若遇进位，则需多花费脑力和拨动珠子，而用计算器时，进位问题都是在计算器内部完成的。如果用计算器的人出类似于 989879998×99889 这样的题目，计算器可以在瞬间完成，而使用算盘就显得很不方便了！

千万记住，得意莫轻狂！

大自然的杰作

你是否注意过雪花的形状呢？雪花漫天飞舞，千姿百态，但它们多是六角形的，古人曾用"雪飞六出"来形容雪花。随着科技的进步，人们利用现有的几何知识，设计建造了房屋、桥梁、火车、轮船、火箭、飞船等。相比之下，古人对雪花的描绘就显得苍白无力了。

经过不断探索，20世纪初德国数学家科赫创造出了"雪花曲线"。正是由于这种奇妙的曲线，20世纪新诞生了一门几何学——分数维几何学。既然"雪花曲线"这么漂亮，我们是否也可以绘制它呢？当然可以，绘制方法其实很简单。

首先画一个等边三角形（见下面的第一幅图），将它的每条边三等分，以当中的一部分为一条边，向外作小等边三角形。然后擦去新三角形与原来的三角形重合的边（见下面的第二幅图）。这个在每条边中间向外"长出"一个小等边三角形的过程称作"生长一次"。再"生长一次"，就得到了下面的第三幅图；再"生长一次"，又变成了下面的第四幅图，这就是我们通常所见到的美丽雪花的形状。

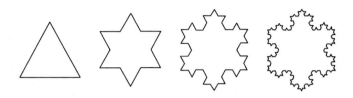

寒冬腊月，天空普降大雪时，雪花在云层中积聚，一次次"生长"下去，其形状也变得越来越复杂。再看看上面的这4个图形，你有没有注意到边数的变化呢？每"生长一次"，原图中的每一条边就会变成4条，所以"生长"后的边数是"生长"前的4倍。从第一幅图至第四幅图，边数如下：3→12→48→192。如果有兴趣的话，你还可以算一算第四幅图的面积是第一幅图面积的几倍。

雪花让我们欣赏到了美，更让我们了解到了美之所在，真是大自然的杰作啊！

超越爱迪生

曹冲称象使用的是等量替换法，这是一种常用的思维方式。用许多石头代替大象，在船舷处刻上记号，让石头与大象产生等量的效果，再一次一次地称出石头的质量，将大转化为小，分而称之，这一难题就得到圆满的解决。

爱迪生也用转化的方法，将求灯泡的体积转化为求灯泡里水的体积。

有一位小朋友看了爱迪生测量灯泡体积的故事，也想去试一试。但他不知道怎么打开灯泡，因为灯泡并不像矿泉水瓶那样能拧开。原来爱迪生自己研究灯泡，自然就有制作灯泡的玻璃壳，而不需要考虑如何打开做好的灯泡。

这意味着爱迪生的方法在这里失效了。那么有没有别的方法呢？也许有人会说，可以把灯泡扔进水桶里，看排出多少水。这恐怕不行，因为灯泡在水里是浮着的，不会像石头那样沉下去。

不过，这也难不倒我们。为什么要用水填充？因为灯泡的形状不规则，水可以随意流动，占满灯泡内的空间。我们可以用细沙来代替水，因为细沙也可以随意流动。面对打不开灯泡的问题，我们可以从外部解决。把灯泡放进一个大的量杯里，然后往里放细沙，直到完全盖住灯泡为

止，再测量此时灯泡和沙的总体积。接下来拿出灯泡，测量细沙的体积，再用总的体积减去细沙的体积，得到的结果就是灯泡的体积。

由于灯泡比较大，我们未必能找得到这么大的量杯。我们也可以找一个长方体纸盒，因为长方体的体积是可以通过测量长、宽、高之后计算出来的。

不靠谱的统计

统计学是一门特别的学问，它是为解决其他领域内的问题而存在和发展的。如果离开了统计学，现在很多研究领域虽不至于消亡，但一定会变得很薄弱。有时，也有人利用统计学达到利己的目的。你一不小心，就会被他"忽悠"了。

统计资料表明，大多数汽车发生事故时的速度在规定范围内，极少超过150千米/时。这是否意味着高速行驶比较安全？

真相绝不是这样。统计结果往往不能表明因果关系。由于多数人以中等速度开车，所以多数事故出在中等速度的行驶过程中。

还有一个极端的例子。曾经有一个学统计的学生，他开车的时候总是在十字路口加速，呼啸而过，然后减速。一天，他带着一个旅客，那个旅客被他的驾驶方式弄得心惊胆战，问他为什么要这么开车。那个学生回答道："从统计学的角度讲，十字路口是事故高发地段，所以我要尽可能地少花时间。"

这也告诫我们，在听到一种统计结果时，切勿轻率地对因果关系做出判断。类似的情况还有下面的例子。统计资料表明，在亚利桑那州死于肺结核的人比其他州的人多。这是否意味着亚利桑那州的气候容易生肺病？

事实正好相反。亚利桑那州的气候对肺病患者有好处，所以患者纷纷前来，自然就使得这个州中死于肺结核的人的比例升高了。

有一项调查研究说脚大的孩子学习拼音比脚小的孩子好。这能否说明一个人的脚的大小决定了他的学习能力？

真相并非如此。这项研究的对象是一群年龄不等的孩子，它的结果实际上是年龄较大的孩子的脚大些，他们的拼音学得自然比年幼的孩子好些。

只有擦亮自己的眼睛，用数学头脑来思考问题，你才不会被欺骗。

爱心与数学同行

　　"爱是生命的火焰，没有它，一切都将变成黑夜。"这是著名作家罗曼·罗兰的名句。在文学中，表达爱心的名句很多，不可胜数。而在数学中，也常用数学图表来表达爱的情感。

　　心形是生活中十分常见的图形，你会设计这种图形吗？有几种简单的做法。如下面的左图所示，作两个等腰直角三角形，再作两个半圆，填充颜色后得到右图。

　　如下面的左图所示，作一个大的半圆和两个小的半圆，填充颜色后得到右图。

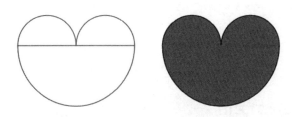

如下面的左图所示，作4个小圆和一个正方形，然后擦除部分线条，填充颜色后得到右图。

这3个设计好像都有点问题。如下面的左图所示，作一个正方形和两个小的半圆，填充颜色后得到右图。

在国外，有一种类似于中国七巧板的拼图游戏，但分割的块数更多，而且有圆弧形。如下图所示，先把一个正方形分成9个小正方形，然后以小正方形的边长为半径画两个圆，其中不就含有上面的右图所示的图形吗？

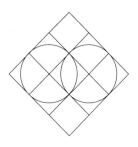

　　如果你的手头有画椭圆的工具，可以画两个椭圆，如下面的左图所示。分别用不同的方式进行填充，可以得到两种不同方向的心形，如下面的中图和右图所示。

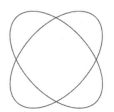  

两种数学视角

有这样一则故事。主人派仆人买枣子来吃，吩咐说："个个都要甜，不甜不要。"仆人来到水果摊边，摊主说："我的枣子味道都很好，没有一个不好。你只要尝一个就知道了。"仆人说："我要把每个都尝一尝，然后再买。如果只尝一个，又怎能知道其他枣子的好坏呢？"仆人将枣子一一品尝，然后买回家。主人见到一个个被咬过的枣子，恶心得吃不下，全都扔了。

很多人都笑话这个仆人，哪有这么笨的？

我们倒觉得并不能全怪仆人。两个枣子从外观上看起来差不多，我们尝了一个，知道它是甜的，但并不能由此肯定另一个绝对是甜的。外观差不多，说明两个枣子具有一定的相关性，但相关性不等于因果性，我们不能由此下结论。如果用数学归纳法的思想来考虑，就是从 n 成立推不出 $n+1$ 成立。

有人会反对，此处不应该用数学归纳法，而应该用抽样思想，摊主的建议是对的，只尝一个枣子，然后推断其他所有的枣子都是甜的。

这种抽样调查具有一定的可靠性，但也存在一些不确定性。由于主人的要求极高——个个都要甜，所以抽样调

查存在风险。

　　仆人全部尝一遍，从数学归纳法的角度而言，我们可以认为是从 1 到 n 全部验证一遍；从统计的角度来看，则是全面调查。从数学的角度来说，仆人的这种做法是没有问题的。

　　而在生活中买东西，只要差不多就行，哪有十全十美的呢？枣子中偶尔有几个不那么甜的，我想主人也不会太计较，至少不至于恶心到全扔了。所以，我们认为主人提出要求时，可要求尽量买甜的，而仆人买枣时尽量挑好的，这样就好了。

守株待兔与概率

大家听说过"守株待兔"这个成语吧？其实，在生活中发生像兔子撞树这样的事是极其偶然的。而农夫希望一件可能性很小的事情重复发生，这就显得十分可笑了。

我们可以做一个小实验。拿出一枚1元硬币，轻轻向上抛起，然后让其落在桌面上。请多抛掷几次，再将抛掷的次数和"1元"字样向上的次数记录下来。可别小看这个实验，历史上很多数学家都曾做过，而且得出的结论惊人相似。请看他们的实验记录（见下表）。

实验人	抛掷次数	出现正面的次数	出现正面的 次数/抛掷次数
德·摩根	2048	1061	0.5181
蒲丰	4040	2048	0.5069
皮尔逊	12000	6019	0.5016
皮尔逊	24000	12012	0.5005

你看，抛掷的次数越多，用出现正面的次数除以抛掷次数后得到的结果也就越接近0.5。

其实，这两件事情中包含同一个道理，有些事情的发生是有一定规律的。数学家把度量事情出现的可能性大小的量叫作概率。兔子撞树这件事发生的可能性特别小，我们就叫它为"小概率事件"。

如果概率为0，则表示该事件不会发生；如果概率为1，则表示该事件一定发生。这是两种极端情况，在多次重复的过程中，既可能发生也可能不发生的事件发生的概率在0和1之间。

在实际生活中，这样的概率事件人们经常会遇到。例如，如果50万张彩票里只有一张能抽中汽车，那么买一张彩票抽中汽车的概率只有五十万分之一。因此，如果把希望寄托在买彩票中奖上，就跟古代的那个农夫一样令人啼笑皆非了。

法乎其上，得乎其中

法乎其上，得乎其中，

法乎其中，仅得其下。

这两句话的意思是劝诫人们做人做事的目标要远大，在做的过程中尽可能向最佳方向努力，纵然结果没有预期的那样好，也能达到一般水准。但是，如果你一开始就甘于平凡，把目标定得很低，最后结果可能就惨不忍睹了。

做生意的人深知这一点。假设他在售卖一件衣服，100元是他可接受的最低价，但他会开价100元吗？若他开价100元，就会被人还价到80元甚至更低。若他开价120元，那么可能以100元成交，赚得太少。所以，开价150元也许比较合适，很有可能在100元和120元之间成交。

当然，如果这个商家狮子大开口，开价200元，那么很大的可能性是把顾客吓跑。所以，不要把目标定得过高。

在我们的生活中，竞争在所难免。勇于表达自己的想法，争取利益最大化是人之常情。下面这个故事能给大家一点启发。

有两个人，其中一个人比较强势，称为甲，另一个人性情温和，称为乙。他们要分配100元，甲全要，乙只要一半。两人争执不下，只好请一位大学生来评判。

大学生问明缘由后说："分配东西一般都按比例进行，最常用的方法就是平分，你们是否愿意五五分账？"

乙表示愿意，但甲则认为乙的要求得到满足，而他的要求打了对折。

现在只有100元，一个人要100元，另一个人要50元，怎么分配都不可能两全其美。大学生建议双方都做一些让步，他问："六四分账如何？"

甲不同意，他认为对方从50元减到40元，而自己从100元减到60元，让步太大。

这时，大学生又建议："甲得75元，乙得25元。每人离自己的最初目标都减少了25元，这下公平了。"

这时，乙不同意了，他说："我要求得到50元，现在只给我25元，我减少了一半，而对方只减少了四分之一，这不公平。"

双方争执不下，只好请来一位大学教授帮忙。

教授说："既然你们不同意按比例分配，那就另外想办法。我先拿出50元给甲，因为乙只要一半，这说明其中50

元是没有争议的。剩下的50元如何分配呢？其实局面已经很明显了。两个人都想要剩下的50元，那么最公平的做法就是各占一半。最终结果就是按75元和25元分配。"

此时甲和乙表示心服，而大学生迷惑了。乙损失一半，而甲只损失四分之一，这公平吗？

教授说："世间哪有绝对的公平？大家都有美好的愿望，不可能都实现，或多或少都要打些折扣，所以还是目标定高些为好。"

漫说棱

棱，形声字，字从木，音从夌（ing）。木是指木材，夌为四边形的平面。木与夌合起来表示"横截面为四边形的木材"，后又指物体上的条状突起，或不同方向的两个平面相连接的部分。

在汉字的长期演变过程中，棱又产生了多个读音，除líng之外，还有lēng和léng，而我们要讲的是和数学有关的léng，常见词组有棱柱、棱锥、棱角等。

《还珠格格》是非常火爆的电视连续剧，多次出现台词"山无棱，天地合，才敢与君绝"。"山无棱"可解释为山没有了棱角，但有人坚决反对，认为"山无棱"应该是"山无陵"才对。"陵"指山峰，"山无陵"意为"高山变平地"。他的理由是山没了棱角，对山来说并不是毁灭性的。很多山的山势平缓，并没有什么棱角。只有高山变平地，才能和天地合在一起的毁灭性程度相提并论。

此诗句出自《乐府诗集》，作者不详。原文是："上邪！

我欲与君相知，长命无绝衰！山无陵，江水为竭，冬雷阵阵，夏雨雪，天地合，乃敢与君绝！"译文为："上天呀！我渴望与你相知相惜，长存此心，永不褪减。除非巍巍群山消失不见，除非滔滔江水干涸枯竭，除非凛凛冬日雷声翻滚，除非炎炎酷暑白雪纷飞，除非天地相交聚合连接，直到这样的事情全都发生时，我才敢将对你的情意抛弃决绝！"

如果有些人很粗心，只看到最后三个字"与君绝"，可能会以为这是在谈分手的事情，实则恰好相反。

我们知道，得出一个结论要建立在一些前提条件成立的基础上。没有前因，哪来后果？如果前提条件不成立，那么所做的一切推导也无从谈起。

也许有人会挑刺，这五件事情难道就没有可能发生吗？

冬天确实有可能打雷，只不过可能性很小。假设某一天发生这件事情的可能性为 $\frac{1}{100}$，其余四件事情发生的可能性也很低，不妨也设为 $\frac{1}{100}$。这五件事同时发生的可能性为 $\frac{1}{10000000000}$，那么要多少年才可能出现这样的情况呢？简单计算为：$10^{10} \div 365 \approx 27397260$，也就是两千多万年。

当然，这样的计算也不太科学。因为不是每一天都是冬天，而这五件事情也不是独立发生的，天地合必然会导致山无棱。也许只有学数学的人才会这样去考虑问题，而原诗作者想要表达的是她的爱情直到天荒地老、海枯石烂也忠贞不变。

至于到底是山无棱还是山无陵？这需要查阅原文。中华书局是出版古籍的权威机构，相关书籍中所记载的是"山无陵"（见下图）。

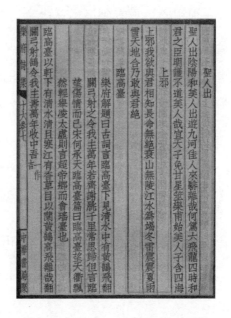

从"道旁苦李"说开去

"道旁苦李"这则故事源自《世说新语》:"王戎七岁,尝与诸小儿游,看道旁李树多子折枝,诸儿竞走取之,唯戎不动。人问之,答曰:'树在道旁而多子,此必苦李。'取之信然。"

人们提起这则故事，大多会称赞王戎小小年纪就能仔细观察，善于思考，根据有关现象进行推理判断，少走弯路。有人说，王戎用的不就是反证法吗？假如李子不苦，它们早被路人摘光了，而现在李子还有这么多，它们肯定是苦的。

如果继续思考，你可能还会有不一样的分析结果。假如不是李子，而是其他什么东西，又会怎么样呢？比如，看到路旁的稻田没人收割，是不是意味着这些稻子是坏的？看到庙里功德箱中的钱没人拿，是不是意味着这些钱是伪钞……作为一个正常人，我们应该知道李树是有主之物。我们相信在王戎那个年代也是如此，不问自取是为贼，不能随意拿人家的东西。这是作为社会人的自律性，否则社会就乱了。只能说王戎的年纪还小，他对物品所有权的认识不够，我们要理解。

一棵树上的李子是有限的。故事里说，除了王戎，其他小朋友都去摘了。摘了之后，不管苦不苦，李子都不可能再回到树上。如果李子好吃，摘了的人还会再摘，李子被摘完的速度就快一些。如果李子不好吃，摘了的人不再摘，李子被摘完的速度就慢一些。如果允许随意摘取，由于路过的人多，李子会被很快摘完。

如果王戎的分析是少有人能想到的，那么当其他一伙人路过时，除个别人像王戎那样聪明，不去摘取，其他人都去摘取，那么李子也会被很快摘光。

而树上的李子还有很多，要么因为其他路过的人都像王戎那样判断出李子是苦的，这说明王戎的想法很平常，是中人之资，并无太多值得称赞之处，要么其他人知道不能随意拿取别人的东西。

大家都说王戎聪明，他是否真的聪明呢？相对于其他小朋友一拥而上，王戎还是有自己的主见的。而编写这个故事的作者只考虑王戎这一伙儿，并没有考虑其他人，但又将故事的情境设置在大道旁，于是难以自圆其说。如果允许任意摘取，因为大道旁的路人多，李子会被很快摘光。也许是因为李子好吃，也许是因为大家不知道李子苦，错吃了！王戎只看到自己这伙人中其他人的愚笨，但没有想到更多的情况。

因此，凡事多几分质疑，才能更接近真相和真理！

经济学中有一个很经典的案例。教授让学生们参与一个实验：每个学生从 0 到 100 中任选一个数，只告诉教授。如果某学生选取的数是全体参与者选的数的平均数的一半，就能得到 100 美金。

如果学生都随机从 0 到 100 之中选数，从概率上说，最终平均数是 50 的可能性最大。再取半，就是 25。这样分析，聪明人应该选25这个数。

问题是，你聪明，要是别人也聪明呢？大家都选25，那么中奖的数就变成了12.5。若大家也这么聪明，于是中奖的数就变成了6.25。继续推理下去，最后中奖的数应该是0。

从某种程度上来说，实验所得结果越小，说明这群被测试者整体上越聪明，考虑越深入。

中奖的数是不是0呢？这位教授做实验得出的结果不是0，而是13，因为有些人不像你想的那么聪明。

1×3不等于3×1吗

五千个哪里，

七千个怎样，

十万个为什么。

　　　　　　——卢·吉卜林

　　《十万个为什么》是一套很有影响力的科普著作，影响了几代人。我国的《十万个为什么》的书名取自苏联科普作家伊林的著作《十万个为什么》，而伊林则取自英国作家卢·吉卜林（1907年获诺贝尔文学奖）说的上面那句话。

　　伊林的作品对我国的科普创作产生了很大影响。伊林善于把文学和科学结合起来，用文艺的笔调、生动的比喻、典型的事例和诗一样的语言，娓娓动听地讲述科学知识，作品活泼而又逻辑严谨。

　　伊林曾讨论过这样一个问题：是穿三件衬衣暖和，还是穿一件三倍厚的衬衣暖和？（此处的衬衣应该指贴身穿在里面的单衣。）

这个问题很有意思。有人在冬天嫌穿一件件衣服麻烦，就将几件衣服套在一起穿。你是否思考过只穿一件厚衣服就简单了？

伊林的回答是：首先应该问问自己，衣服真的使人暖和吗？

要知道实际上不是皮袄使人暖和，恰恰相反，是人使皮袄暖和。难道不是这样吗？你知道皮袄不是炉子。"什么？"你会反驳道，"难道人是炉子吗？"一点儿不错，人是炉子！我们知道，我们需要吃食物，这就是柴火，它在我们的身体里燃烧。虽然这时什么火花也没有，但我们说它在燃烧，因为我们的身体感到热。

为了不让屋子里的热量散到外面去，我们修筑了厚厚的墙壁，冬天会关上双层窗户，还会在门上包上毡。我们穿衣服也正是由于同样的原因，不让我们的身体产生的热量散失到空气里，我们的身体使衣服暖和，衣服把我们产生的热量保持在我们身体的周围。衣服当然也要向外散热，可是比我们的身体散热的速度要慢得多。

这就是说我们让衣服去替我们挨冻。关键之处，与其说在于衬衣，不如说在于衬衣之间的空气。空气是热的一种不良导体，衬衣之间的空气越多，保护我们的身体不受冻的"空气衣服"就越厚。因此，三件衬衣比一件衬衣暖和。

这是个和生活息息相关的问题，却很少有人认真思考。
3×1 未必等于 1×3 啊！

按照这个原理，人们为了隔音，选用双层玻璃，而不是两倍厚的玻璃。而选用空心砖建的房子比用实心砖建的房子暖和得多。

为什么要见好就收

关于投篮的命中率，通常用"总共投进的次数÷投球次数×100%"进行计算。

1号队员投球1次，命中1次，命中率为100%。

2号队员投球10次，命中9次，命中率为90%。

如果单纯地比较结果的大小，得出的结论是1号队员的命中率高。能不能由此得出1号队员投球比2号队员更准呢？不一定。

测试的次数少，存在的偶然性较大。测试的次数多，则会存在另一个问题，即使投手的水平较高，连续投球之后，其体力、心态等都会发生较大的变化。所以，很多比赛采取五局三胜制或七局四胜制，很少采用一局制和十几局制，以便在排除极端偶然性的情况下，让选手发挥较高的水平。

如果一个篮球运动员投篮的命中率达到99%（即0.99），则他连中10次的可能性是$0.99^{10} \approx 0.90$，而连中20次的可能性大约是0.82。

《东野稷败马》讲的就是这个道理。东野稷十分擅长驾车，他凭着驾车本领去求见鲁庄公。鲁庄公接见了他，并叫他驾车表演。只见东野稷驾着马车，前后左右，进退自如，十分熟练。他驾车时，无论是进还是退，车轮的痕迹都像木匠画的墨线那样直；无论是向左还是向右旋转打圈，车辙都像木匠用圆规画的那么圆。鲁庄公大开眼界，他满意地称赞说："驾车技艺的确高超，看来没有谁比得上了。"说罢，鲁庄公兴致未了，叫东野稷兜一百个圈子再返回原地。一个叫颜阖的人看到东野稷这样不顾一切地驾车用马，于是对鲁庄公说："看，东野稷的马车很快就会翻。"鲁庄公听了很不高兴，他没有理睬站在一旁的颜阖，心里想着东野稷会创造驾车兜圈的纪录。但没过一会儿，东野稷的马果然累垮了，它一失前蹄，弄了个人仰马翻。东野稷见了鲁庄公很难堪。鲁庄公不解地问颜阖说："你是怎么知道东野稷的马会累垮的呢？"颜阖回答说："马再好，它的力气也总有个限度。东野稷的那匹马的力气已经耗尽，可是他还让马拼命地跑。像这样蛮干，马不累垮才怪呢！"听了颜阖的话，鲁庄公也无话可说。

驾着车还能画直线画圆，说明东野稷的驾车技术真的很厉害。如果他的成功率为0.99，那么连续跑100圈不出问题的可能性是0.99^{100}，约为0.37。成功率0.99代表的是高峰水平。次数增加太多时，人是难以长久维持高水平的。假设在前50圈中选手能保持在0.99的高度，50圈后保持在0.95的水平，那么一直成功的可能性是$0.99^{50} \times 0.95^{50} \approx 0.047$，远比$0.37$要低。

不出问题才怪！

排序的清楚与模糊

我们进入学校的第一天，老师就要安排座位。最常见的方式是男女生各站一队，按身高排序，个子矮的坐前面，个子高的坐后面。排序的目的是改变乱糟糟的局面，使无序变成有序。排序是按照一定规则进行的，如果不守规则，胡乱排序，这样的做法是得不到认可的。

近些年有一种很有意思的现象。不知从何时起，电视剧出现了领衔主演，而原来的男二号、男三号也顺理成章地升级为主演。一些露脸不多的客串也名列联名主演、友情主演之中。这样排序在逻辑上没问题，但主演的身价一落千丈。为什么会出现这种情况？因为没人愿意当配角。

很多时候，我们都希望排名在前。按照从上到下、从左到右的阅读习惯，左优于右，上优于下，可是第一排最左边的位置只有一个。为了解决这一矛盾，人们想出了很多办法，比如按姓氏拼音排列，按姓氏笔画排列，等等。这些方法在一定程度上是有效的，但也经不起推敲。如果按照姓氏笔画从少到多的原则，"王"应该排在"李"的前面，而若按拼音排序，"李"要排在"王"的前面。看似公平的排序规则其实也暗含玄机，容易被人根据需要来选用。

是不是干脆宣布"排名不分先后"就得了？但问题是，声明是一方面，事实上你写这些名字时还是会有先后顺序的。这确实有点儿难为人。

从数学角度来看，书本上的文字采用的是一种线性排列方式，虽然文字看似排列在一个平面上，实际上重排之后可以排在一条线上。线性排列一定存在先后顺序。但如果从非线性角度思考（比如圆是非线性图形，无头无尾），也就多了一些变化，多了一些趣味。

"可以清心也"是极普通的5个字，若进行线性排列，显得有点儿单调无趣。但若将这5个字写在一个圆上，则内涵顿时变得丰富起来，变成循环可读的回文句子。一曰"可以清心也"，二曰"以清心也可"，三曰"清心也可以"，四曰"心也可以清"，五曰"也可以清心"。

排序是要清楚还是要模糊？需要根据具体情况而定，各有用处。

从哪条路去考场，成绩会更好

某同学读中学时骑自行车去学校，有多条路可选。有一天，他突发奇想：出门选哪条路会不会影响当天的考试成绩？这看似一个很小的决定，但接下来的很多事情都会随之而改变，比如见到的人不同，到校的时间也不同……不妨看看下面这则故事。

一辆汽车送一对夫妻上山后，在下山途中出事了。

老公说："幸好我们不在车上。"

老婆说："要是我们在车上就好了。"

老公很疑惑。

老婆说："我们要是在车上，可能会和司机说说话，让他的心情开朗，状态好一点儿；我们俩能增加车的载重量，对车也能做一点点改变；我们俩上车也会将开车时间改变一点点，也许就会错过出事的那一刹那……"

有多个因素影响结果，但主次轻重各不同，这时概率就要发挥重要作用了。

走哪条路去学校，在大多数情况下是不影响考试成绩的，或者说影响甚微。只有在极少数情况下，比如某条路特别堵（导致考试迟到），某条路上被人撒了很多碎玻璃（扎破自行车胎），这些都是小概率事件。

这让我们想到了蝴蝶效应：南美洲亚马孙河流域热带雨林中的一只蝴蝶偶尔扇动几下翅膀，可能在两周后引起美国得克萨斯州的一场龙卷风。原因在于蝴蝶翅膀的运动导致其身边的空气系统发生变化，引起微弱气流的产生，而微弱气流的产生又会引起四周空气或其他系统产生相应的变化，由此引起连锁反应，最终导致其他系统的极大变化。

蝴蝶效应在理论上没有问题，说明了事物之间存在广泛的联系，互相影响。但影响有大有小，不是有影响就能最终改变结局。如果蝴蝶扇几下翅膀必然引发龙卷风，那么我们打个哈欠，打开电风扇，美国岂不是天天刮龙卷风？

还有这样一首歌谣："少了一枚铁钉，掉了一只马掌。掉了一只马掌，失去一匹战马。失去一匹战马，败了一场战役。败了一场战役，毁了一个王朝。"

这种事情在现实中发生的可能性是极小的，这种困惑等同学们学了概率之后就会长叹一声，原来如此！

用一个公式总结一下，就是"相关性≠因果性"。

由哈佛大学的校训想到的

　　填空题：哈佛大学的校训是_____。

　　说实话，我们答不上来。我们除了知道哈佛大学是美国名校之外，几乎没有什么认知。比如它在美国的哪个州，有哪些优势学科，校友得了多少个诺贝尔奖，出了多少位美国总统……我们一概不知。

　　但此时，你若出一道判断题：

　　哈佛大学有校友得过诺贝尔奖。（　　）

　　我们会打钩，虽然我们说不出是谁得了。如果给点时间去查资料，我们会更有把握一些。即使不查资料，我们也会打钩，虽然这种直觉有时也会犯错。

　　再出一道判断题。

　　哈佛大学的校训：此刻打盹，你将做梦，而此刻学习，你将圆梦。（　　）

　　我们会打叉，即使我们不知道哈佛大学的校训是什么。设身处地地想一想，若你是一所学校的校长，哪怕只是一所乡村小学的校长，你也不会将这句话作为校训。道理很简单，把这句话作为校训，让人感觉这个学校的学生很喜欢睡觉。如果学生上课打盹，老师叫醒他，然后来这么一句，我们会觉得这位老师很有水平。但将其作为校训，实在不妥。这是常识！

也许有人会质疑：你们对哈佛大学的了解如此之少，竟敢下如此肯定的判断，是不是有点儿武断？

确实有一点儿。如果条件允许，最好还是查查资料。

到哪儿查资料呢？很多网站上都写着"此刻打盹，你将做梦，而此刻学习，你将圆梦"是哈佛大学的校训啊！

我不相信这些网站。如果专业期刊的网站也推送这样的消息，会怎样呢？我还是不信。要是哈佛大学的官网上真的写着这句话，你还不信？

以我们学生时代的考试经验，计算题比填空题难，因为计算题不仅要结果，还要过程；填空题比选择题难，因为填空题没有备选答案；选择题比判断题难，因为选择题有4个选项。因此，关于哈佛大学的校训，我们即使答不对填空题，对答对判断题也是有信心的，因为判断题的难度小啊！

我们每天都要接收很多信息，是不加以思考、全盘吸收，还是斟酌考量、批判继承？如果是后者，虽然会花点时间，但对事物的认识会更加清楚。关键是你有没有批判意识。

问答题：简述哈佛大学的校训。

拉丁文：Amicus Plato，Amicus Aristotle，Sed Magis Amicus VERITAS.

英文：Let Plato be your friend，and Aristotle，but more let your friend be truth.

中文：与柏拉图为友，与亚里士多德为友，更要与真理为友。

哈佛大学的校徽为传统的盾形，寓意坚守、捍卫；底色为哈佛大学的标准色"绯红"。主体部分以三本书为背景，两本书在上，一本书在下，象征着理性与启示之间的动力关系。上面的两本书上分别刻有"VE"和"RI"两组字母，与下面的一本书上的"TAS"共同构成校训中的"VERITAS"。"VERITAS"在拉丁文中即"真理"。

学会科学安排

现代人的生活节奏快，这就要求我们必须有效利用时间，科学安排工作、学习和生活中的事情。生活中的有些事情能够给我们很好的启发。

用一只平底锅烙饼，锅中只能放两张饼，烙熟饼的一面需要2分钟，两面共需4分钟。想烙熟三张饼，最少需要几分钟？

一般的做法是先同时烙两张饼，需要4分钟，然后烙第三张饼，还要用4分钟，共需8分钟。但在单独烙第三张饼的时候，另外一个烙饼的位置是空着的，这说明可能浪费了时间，怎么解决这个问题呢？

我们想，要是能同时烙第三张饼的正反面就好了，不让平底锅有时间"闲着"。其实，这完全可以做到。

先烙第一、二两张饼的正面，2分钟后取下第一张饼，放上第三张饼，并给第二张饼翻面。再过2分钟，发现第二张饼烙好了，这时取下第二张饼，把第一张饼放上，烙未烙的一面，并将第三张饼翻过来。2分钟后，第一张和第三张饼也烙好了。整个过程用了6分钟。

烙饼给我们的启示是：不要把困难都集中在第三张饼上，要把难题分解，逐个解决。

比如，小学6年学语文和数学两门课，算起来花在每门课上的时间各为3年。能不能分开，先学3年语文，再学3年数学呢？显然二者的效果是不一样的。又如，一些中小学生做暑假作业，明明应该在两个月中，每天做10分钟作业，他们硬要等到快开学了，一次性做10小时作业。这能达到巩固复习的效果吗？所以，合理分配时间很重要。

烙三张饼能在6分钟之内完成，根本原因是什么？是聪明人想出的巧妙办法吗？不是，而是这个问题有完成的可能。假设有人希望5分钟完成这个任务，有没有可能呢？绝对不可能！因为3张烙饼有6个面，每面需要烙2分钟，总共12分钟，而平底锅每次只可以烙两张饼的一个面，所以至少需要6分钟。

这种思考问题的方法是很重要的。先不去想怎么完成任务，而是考虑有没有完成任务的可能。有些同学做题时下笔很随意，最后怎么也解不出来，其实有些题目根本就是错误或者无解的。

以田忌赛马的故事来说吧。田忌与齐威王赛马，他们各自将马分为上、中、下三等。孙膑发现田忌的马要比齐威王的马稍逊一些，但也不是相差太远。于是，孙膑调整了马的出场顺序，用田忌的上等马对付齐威王的中等马，用田忌的中等马对付齐威王的下等马，用田忌的下等马对付齐威王的上等马。三场比赛结束后，田忌胜两场，败一场，最终赢了齐威王。

田忌能够取胜，最根本的原因是调整马的出场顺序吗？不是！假设田忌的上等马跑不过齐威王的中等马，甚至连齐威王的下等马都跑不过，那么再怎么调整出场顺序都无济于事。

这给我们的启示是：当遇到困难时，如果我们具备的能力离解决这个问题的要求相差不太远，那么找准方向，搏一搏未必不能成功。

总统竞选与民意调查

2004年，小布什以51%的支持率赢得了美国总统大选。而在大选结果公布之前，很多媒体都会对大选进行民意调查，这一次当然也不例外。以下是当年有关媒体的调查结果。

美国有线新闻网（CNN）和盖洛普公布的民意调查数据显示，布什和切尼竞选搭档的支持率达到了51%，而克里和爱德华兹的支持率则为46%。路透社公布的民意调查结果显示，布什的支持率维持在48%，克里的支持率则降到了45%。《华盛顿邮报》进行的调查显示，布什的支持率为52%，克里为45%，独立候选人纳德为2%。

为什么要进行民意调查呢？原来大选前的民意调查可以用来巩固或削弱领先者的地位，能为竞选报道定下基调，并且使人感到对预测胜利有某种常理可循。研究表明，调查的抽样人数和对象是决定民意调查可靠程度的关键。抽样必须做到公平、客观，否则就极有可能产生较大的偏差。下面就是统计史上出现极大偏差的一个典型事例。

1936年，美国著名的《文学摘要》杂志社为了预测总统候选人罗斯福与兰登两人谁能当选，他们按电话簿上的地址和俱乐部成员名单上的地址发出1000万封信，收回信件200万封。在调查统计史上，这是少有的样本（被调查的人）容量，杂志社花费了大量的人力、物力。杂志社深信自己的统计结果，即兰登将以57%对43%的优势获胜，并且进行了大张旗鼓的宣传，但最后选举的结果是罗斯福以62%对38%的巨大优势获胜！这次调查断送了这家原本颇有名气的杂志社的前程，不久只得关门停刊。那么，是什么因素造成了这次调查统计的失败呢？

　　从统计方面分析，主要的失败原因在于样本不具有代表性，样本不是从总体（全体美国公民）之中随机抽取的，因此这种抽样方法不科学。另外，样本过于集中也是导致调查统计出现偏差的一个重要因素。

　　同学们，你们是否已经对统计有了一定的了解呢？

千古无重局

骑白马的未必是王子，

也可能是唐僧。

叫唐僧的未必是玄奘，

也可能是一行。

唐僧是大家十分熟悉的历史人物，俗家姓陈，法号玄奘，后来历尽艰辛去印度取经，改姓唐，以表示自己是来自东土大唐的和尚，身负祖国荣誉和使命。唐僧也可看作唐朝和尚的简称。由于《西游记》的影响实在太大，所以现在唐僧基本上成了玄奘的代名词。其实，唐朝佛教盛行，出了很多高僧，比如下面要介绍的一行法师。

一行法师（683—727），本名张遂，唐代著名的数学家、天文学家。他天生聪敏，潜心研究天文。717年，他来到京城长安，给唐玄宗做顾问。他把数学和天文学结合起来，创造了世界上最早的不等间距二次内插法公式。他组织并领导了在全国12个地点对出极高度和日影长短的测量，这是世界上第一次对地球子午线的实测。他对历法编制做出了重要的贡献，推算出《大衍历》，后世有人称赞它"历千古而无误差"。可惜他的大部分著作后来散失了。

据说，一行法师在围棋方面的悟性很高，发表过一些独到见解。沈括在《梦溪笔谈》中记载了一行法师思考过的一个问题：大家都说围棋千变万化，千古无重局，那么围棋到底有多少种变化呢？

围棋是中华民族传统文化中的瑰宝，体现了中华民族的智慧。古人常以"琴棋书画"来评价一个人的才华和修养，其中的"棋"指的就是围棋。

围棋自古以来就有"纵横十九道，迷煞多少人"之说。所谓"纵横十九道"，就是指正方形棋盘上横竖都有19路格子，共有361个交叉点（见下图）。一行法师认为，每一个交叉点都处于下黑子、下白子或空着三种状态之一。对应于361个交叉点，就有3的361次方那么多种可能的变化，这是一个天文数字。

一行法师所计算的是棋盘上可能出现的局面，但一局棋是由若干个局面组合而成的，于是便有人提出了下面的计算方法。在第一步棋落下的时候，有361种选择，在第二步棋落下的时候有360种选择……按照乘法原理，共有

$361 \times 360 \times 359 \times 358 \times \cdots \times 2 \times 1$ 种可能，这又是一个天文数字。

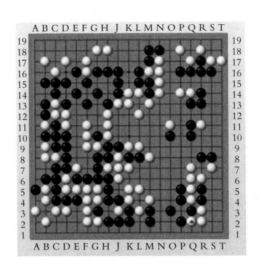

数学模型中所谓的变化没有考虑围棋规则，只是在棋盘上用棋子摆出来的棋局而已。围棋允许打劫和回提，这使得变化还有更深层次的内涵。

这一切恰恰验证了人们常说的一句话："自古及今，弈者无同局。"棋局的变数实际上是无穷无尽的，谁都不必担心自己的招数会被人学去。以变应变，棋局永远都是新鲜的，任你慢慢地琢磨。这大概就是围棋的妙趣所在吧。

带着数学思考去阅读

所谓数学阅读，不仅是阅读数学文章、数学书籍，还应该从数学的视角去阅读，用数学的方式去阅读，带着数学的思考去阅读，阅读我们身边的世界。哪怕是一句话、一条消息、一则新闻，你都可以从中感受到别样的数学。

一

例如，2020年春节前夕，腾讯网上有这样一则新闻：

> 携程发布《2020春节"中国人旅游过年"趋势预测报告》：春节假期全国出游人次或达4.5亿

实际上，全国旅游业受到了严重的影响。于是，春节后网上又出现了一则新闻：

> 据中国旅游研究院（文化和旅游部数据中心）综合测算，2019年春节假期，全国旅游接待总人数4.15亿人次，实现旅游收入5139亿元。而2020年春节的旅游收入可以忽略不计，估计损失约5000亿元。

当读到"春节假期全国出游人次或达4.5亿"和"而

2020年春节的旅游收入可以忽略不计，估计损失约5000亿元"两句话时，我很想知道这些数据是如何得到的，预测的根据又是什么。这就是数学阅读带来的思考。

利用前期数据进行估算是一种常用的方法。如果今年的出游人次与去年相当，那么旅游收入也应相当。我们从新闻中发现"2019年春节假期，全国旅游接待总人数4.15亿人次，实现旅游收入5139亿元"。如果2020年人们也像2019年那样出门旅游，那么两年的数据应该是差不多的。但2020年出门旅游的人数大幅减少，旅游业的损失应该与"5139亿元"接近。因此，文中说"估计损失约5000亿元"是有依据的。

那么，携程在春节前夕又是如何预测2020年"春节假期全国出游人次或达4.5亿"呢？这个问题留给你去思考。

二

除了关心时事新闻，你还可以在家里进行文学阅读，而数学思考其实无处不在。比如，看到下面关于屈原的简介，你会有哪些思考呢？

屈原（前340—前278），名平，字原。战国楚国贵族，曾任左徒、三闾大夫等职，著有《离骚》等楚辞作品。

比如，屈原的出生年份怎么从大变小了，不应该是从小变大吗？这就是一个好问题。你只要细心观察就会发现年份的前面有一个"前"字，这是一个非常重要的发现。从现在的年份往前推是公元2023年、2022年、2021年……3年、2年、1年，而我国有五千年的历史，接下来可不是"公元0年"，而是公元前1年，再往前一年就是公元前2年，以此类推。继续思考以下问题。

能不能像画数轴那样"画"出时间呢？

什么是公元纪年？

公元纪年是"进口"的还是"国产"的？

你了解干支纪年法吗？

"万历十五年"采用什么纪年法？

21世纪是从哪一年算起的？

"20世纪80年代"指的是从哪一年到哪一年？

我们在新闻中经常听到的"十四五"是指哪几年？

公元100年和公元前100年分别距今多少年，怎么计算呢？

没有"公元0年"和当年欧洲人没有接受零的概念有关吗？

时间轴和数轴有什么不同呢？

公元前100年能表示成"-100年"吗？

不胜枚举的问题，同样也会带来源源不断的思考。

总之，数学阅读不仅仅是阅读数学读物，而是带着数学思考去阅读。掌握数学阅读不是一蹴而就的，需要我们慢慢积累经验。

阅读着，思考着，在我们的心田种下一颗颗好奇的种子。

数学探秘

能否晋级

　　足球运动已经成为当今世界最受关注的体育项目之一。大家在观看足球比赛时，除了欣赏运动员激烈的对抗、绝妙的配合、娴熟的脚法以及准确的射门，还留意过世界杯中的晋级问题。

由于传统强队在预选赛中的跌跌撞撞以及"黑马"的不断涌现，世界杯也越来越有悬念。纵观8个小组，哪支球队能够晋级16强，经常变得迷雾重重。一支球队要获得几分才能够保证从小组中出线，这是值得讨论的问题。按照规则，在每场比赛中，获胜队得3分，另一方得0分，平局时两队各得1分。小组赛结束后，积分最高的两队出线。如果积分相同，则净胜球多的球队出线。一支球队在小组赛中积5分，说明该队在单循环的3场比赛中胜1场、平2场，而在整个6场小组赛中，如果其余3场比赛都是某一方获胜，那么6场比赛共积14分，则其余3队共积9分。考虑极端情况，获得5分的球队都会以小组第二的身份晋级下一轮。如果一支球队在小组赛中积6分，那么6场比赛共积18分。在剩下的12分里，另外两支球队可能同样积6分。积6分的某支球队会因净胜球少而被淘汰。因此，一支球队积7分就一定能晋级下一轮。

同理，虽然一支球队只积了3分，但它也有可能晋级。有兴趣的话，你不妨研究一下。

刘老师的困惑

一所学校将作息时间分为冬春季作息时间和夏秋季作息时间。这两种作息时间是按照以下方法安排的。

冬春季作息时间：从每年10月中旬的第一个星期日至来年4月下旬的最后一个星期六。

夏秋季作息时间：从每年4月下旬的最后一个星期日至当年10月中旬的第一个星期六。

下图所示是某年4月的日历。

日	一	二	三	四	五	六
					1	2
3	4	5	6	7	8	9
10	11	12	13	14	15	16
17	18	19	20	21	22	23
24	25	26	27	28	29	30

4月25日这天上午，在这所学校教数学的刘老师有一节课，他像往常一样步行在从家到学校的路上。走着走着，他想到一个问题：今天究竟应该按冬春季作息时间上课，

还是按夏秋季作息时间上课呢？

这一年4月的最后一个星期六是4月30日，而今天是4月25日，按理说应该执行冬春季作息时间。可是，今年的夏秋季作息时间应该从4月下旬的最后一个星期日（4月24日）开始呀！这就是说，今天（4月25日）既符合冬春季作息时间的条件，也符合夏秋季作息时间的条件。难怪刘老师会犯难！

为什么会出现这样的情况呢？显然，这所学校在制定作息时间时犯了逻辑性错误，因而出现了漏洞。我们知道，星期六的后面一定是星期日，但在一个月中，星期六的后面不一定有星期日。当这个月的最后一天是星期六时，接下来的星期日就只能出现在下一个月中了。

这所学校作息时间的安排出了点问题，你能帮他们安排一个合理的作息时间吗？

1元变1分

有这样一个证明：

1元 = 100分

    = 10分 × 10分

    = 0.1元 × 0.1元

    = 0.01元

    = 1分

1元怎么变成了1分？问题到底出在哪儿呢？仔细分析每个步骤，我们发现这里的"100分"不能写成"10分 ×10分"，而应该写成10个10分。如果写成10分 ×10分，结果就是100分^2。在运算时，单位不能随便添加，也不能随便去掉。"0.1元 ×0.1元"的结果也应该是"0.01元^2"，而不是0.01元。

原来在计算时，我们在前面偷偷加上了一个多余的单位"分"，后面又偷偷把结果的单位"元 × 元"里的一个"元"去掉了。虽然数字部分的计算都对，结果的含义却相差甚远。计算不仅要算对数值，还要用对单位。如果不注重单位的运用，就会闹出"1元变1分"的笑话。

生活中的计算都有实际的意义，单位的运用也有一定的规则。例如，在加减法运算中，单位必须是同一类的，运算后结果的单位不变。长度减长度的结果还是长度，时间加时间的结果还是时间，如果用长度加时间，单位就没法处理，就是不合理的运算。在乘除运算中，单位要和数字部分一样进行计算，同样的单位相乘就变成平方，相除就抵消掉。比如，距离÷时间＝速度，距离的单位用米，时间的单位用秒，结果速度的单位就是米/秒。假如计算时错把除法算成了乘法，那么结果的单位就是"米×秒"，这显然不是速度的单位，肯定算错了。

喝来喝去的免费美酒

在阿凡提的家乡有两个小镇，东部小镇盛产爽口的啤酒，而西部小镇出产享誉一方的葡萄酒。东部小镇的啤酒厂老板是凶神恶煞的巴依，西部小镇的葡萄酒厂老板是人见人恨的依巴。两个老板为了贬低对方自抬身价，都勾结当地的官府做出以下规定：对方的100元钱只可以换自己的99元钱，而自己的99元钱可以换对方的100元钱。

由于巴依和依巴垄断经营，穷人们都喝不起让人垂涎三尺的美酒。阿凡提见状，帮大家想出了一条妙计：东部小镇的人用100元本镇的A币花1元钱喝杯本镇的啤酒，再要求巴依把剩下的99元A币换成西部小镇的B币，他自然能得到100元B币，然后就到西部小镇花1元B币买杯葡萄酒小酌，喝完葡萄酒后要求依巴把剩下的99元B币换成东部小镇的A币，他自然又能得到100元A币。这样回到东部小镇时，他自己手里的钱一分不少，可白赚了两杯美酒啊！当然，西部小镇的人也可以用同样的方法免费喝到1元钱的葡萄酒和1元钱的啤酒。

　　你不要误会这里的阿凡提贪小便宜，他可都是为了穷人呀！现在请大家再想一想：如果巴依和依巴意识到这个漏洞后，重新规定本镇的100元钱只能换取对方的99元钱，那么穷人们还能免费喝酒吗？

水流影响往返时间

　　航速一定的小船在静水中往返一次所用的时间和在流水中往返一次所用的时间一样吗？这是一个十分有趣的问题。粗略地想，小船顺水时的速度肯定快些，逆水时的速度肯定慢些，一来一回相互抵消。这样看来，在静水中往返一次所用的时间和在流水中往返一次所用的时间一样。事实是这样吗？对于数学问题，不能想当然，而应该通过严谨的推理和精密的计算去解决。

　　假设一段水路全长为100千米，小船的速度是20千米/时，那么小船在静水中往返一次所用的时间是（100÷20）×2=10（小时）。对于同样的路程，当河水流动时，如流速是5千米/时，那么小船顺水而行需要100÷（20+5）=4（小时），逆水而行需要100÷（20-5）≈6.7（小时），4+6.7>10。通过这样的简单计算，我们就可以初步判断航速一定的小船在静水中往返一次所用的时间和在流水中往返一次所用的时间不一样，后者所用的时间要长一些。

继续思考，当河水的流速变大时，小船往返一次所需要的时间会怎样变化？你能试着说明这个问题吗？

99999的乘法秘密

观察下面的一组算式：

$99999 \times 1 = 099999$

$99999 \times 2 = 199998$

$99999 \times 3 = 299997$

$99999 \times 4 = 399996$

$99999 \times 5 = 499995$

$99999 \times 6 = 599994$

$99999 \times 7 = 699993$

$99999 \times 8 = 799992$

$99999 \times 9 = 899991$

$99999 \times 10 = 999990$

如果现在变成4个9的乘法，结果是：

$9999 \times 1 = 09999$

$9999 \times 2 = 19998$

$9999 \times 3 = 29997$

$9999 \times 4 = 39996$

$9999 \times 5 = 49995$

$9999 \times 6 = 59994$

$9999 \times 7 = 69993$

$9999 \times 8 = 79992$

$9999 \times 9 = 89991$

$9999 \times 10 = 99990$

你发现规律了吗？

根本不需要算，乘数由5个9变成4个9，结果也只需要删去1个9就可以了。

如果继续，将乘法的4个9变成3个9、2个9、1个9，规律也是一样的。到了1个9的时候，我们很熟悉，看得更清楚。

$9 \times 1 = 09$

$9 \times 2 = 18$

$9 \times 3 = 27$

$9 \times 4 = 36$

$9 \times 5 = 45$

$9 \times 6 = 54$

$9 \times 7 = 63$

$9 \times 8 = 72$

$9 \times 9 = 81$

$9 \times 10 = 90$

这时，我们会发现：$9 \times n = (10-1) \times n = 10 \times n - n$，$n$增加1，则十位上的数增加1，个位上的数减少1；$99 \times n = (100-1) \times n = 100 \times n - n$，$n$增加1，则百位上的数增加1，个位上的数减少1。

我们将最初的5个9变成1个9，是为了看得更清楚。掌握规律之后，我们可以将5个9变成6个9、7个9……

华罗庚说过，对于复杂的问题要善于"退"，"退"到最原始而不失去重要性的地方，是学好数学的一个诀窍。如果要算9999×8，常见方式是$9999 \times 8 = (10000-1) \times 8 = 80000-8 = 7992$。而掌握有关9的计算规律之后，可以直接写结果，先按照$9 \times 8 = 72$写好，然后将3个9写在中间即可。

加减乘除有时也蕴藏着许多秘密，有趣的数字也很多，比如1089。

$1089 \times 1 = 1089$

$1089 \times 2 = 2178$

$1089 \times 3 = 3267$

$1089 \times 4 = 4356$

$1089 \times 5 = 5445$

$1089 \times 6 = 6534$

$1089 \times 7 = 7623$

$1089 \times 8 = 8712$

$1089 \times 9 = 9801$

对于所得结果，从纵向来看，其规律非常明显。从横向来看，是否有规律？我们将其写成下面的这样，规律就明显了。

$1089 \times 1 = 1089 \leftrightarrow 1089 \times 9 = 9801$

$1089 \times 2 = 2178 \leftrightarrow 1089 \times 8 = 8712$

$1089 \times 3 = 3267 \leftrightarrow 1089 \times 7 = 7623$

$1089 \times 4 = 4356 \leftrightarrow 1089 \times 6 = 6534$

$1089 \times 5 = 5445 \leftrightarrow 1089 \times 5 = 5445$

1089反过来读就是9801，2178反过来读就是8712……多巧啊！

更巧的是，当我们算出$1089 \times 9 = 9801$之后还发现了一个规律：乘数中多一个9时，结果中也多一个9。

$1089 \times 9 = 9801$

$10989 \times 9 = 98901$

$109989 \times 9 = 989901$

$1099989 \times 9 = 9899901$

……

如何解释？

我们将 $1089 \times 9 = 9801$ 分解成（$1000 + 89$）$\times 9 = 9000 + 801$，接下来只需研究：

$89 \times 9 = 801$

$989 \times 9 = 8901$

$9989 \times 9 = 89901$

……

我们这样分解：

$89 \times 9 = 90 \times 9 - 1 \times 9 = 810 - 9 = 801$

$989 \times 9 = 1000 \times 9 - 11 \times 9 = 9000 - 99 = 8901$

$9989 \times 9 = 10000 \times 9 - 11 \times 9 = 90000 - 99 = 89901$

由 1089×2 所得 2178，也有类似的规律：

$2178 \times 4 = 8712$

$21978 \times 4 = 87912$

$219978 \times 4 = 879912$

$2199978 \times 4 = 8799912$

你能对这些式子进行分析吗？

神奇的 142857

请大家计算 142857 × 1，142857 × 2，142857 × 3，142857 × 4，142857 × 5，142857 × 6。我们一眼就能看出第一个算式的结果还是 142857。对于接下来的 5 个算式，我们通过笔算也能很快得出它们的积分别是 285714、428571、571428、714285 和 857142。

有没有看出这些积中隐藏的规律？原来它们都是由 1、4、2、8、5、7 这 6 个数字组成的，只是排列顺序不一样而已。如果把这 6 个数字写成一圈，通过以下操作，你还会有更加神奇的发现。我们先准备好几个完全一样的小纸环，在它们的上面按顺时针方向依次写上 1、4、2、8、5、7 这 6 个数字，如下图所示。

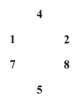

以最简单的算式142857×1为例，积的最后一位是7，那么我们就在7与1的中间剪开，得到142857，如下图所示。

我们计算142857×2，发现积的最后一位是4，那么就在4与2的中间剪开，得到285714，如下图所示。

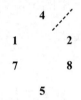

接下来进行类似的操作。我们计算142857×3，发现结果的最后一位是1，那么就在1与4之间剪开，得到428571。再计算142857×5，发现结果的最后一位是5，那么就在5与7之间剪开，得到714285。我们接着计算142857×6，发现结果的最后一位是2，那么就在2与8之间剪开，得到857142。

由此可见，142857本身就是个极不平常的数。也许有同学会问，这个数所蕴含的规律又是如何被发现的呢？原因并不复杂，你只要计算并观察1÷7的结果就能有所发现。它是一个纯循环小数，循环节刚好就是142857。同样，$2 \div 7$、$3 \div 7$、$4 \div 7$、$5 \div 7$、$6 \div 7$的循环节分别是285714、428571、571428、714285和857142。如果把这些算式看成分数，它们也就是$\frac{1}{7}$、$\frac{2}{7}$、$\frac{3}{7}$、$\frac{4}{7}$、$\frac{5}{7}$和$\frac{6}{7}$，其中$\frac{2}{7}$是$\frac{1}{7}$的2倍，$\frac{3}{7}$是$\frac{1}{7}$的3倍，$\frac{4}{7}$是$\frac{1}{7}$的4倍，$\frac{5}{7}$是$\frac{1}{7}$的5倍，$\frac{6}{7}$是$\frac{1}{7}$的6倍。人们由此认识到了142857这个数以及它的2倍、3倍、4倍、5倍、6倍的排列规律。

不可思议的结果

在我们的生活中，许多事物、许多现象不经过"数学加工"，我们是很难想到结果的。例如，对于一张普通的报纸，如果把它对折，再对折，再对折……一共对折30次，能折多高？

我们假设报纸的厚度为0.1毫米。第一次对折后，高度是$0.1 \times 2 = 0.2$（毫米）；再对折，高度是$0.1 \times 4 = 0.4$（毫米）。以此类推，对折30次以后，报纸的高度是$0.1 \times 2^{30} = 0.1 \times 1073741824 = 107374182.4$（毫米）$\approx 107374$（米）。$2^{30}$表示30个2相乘的积。

一张报纸对折30次以后，竟然比世界最高峰珠穆朗玛峰还要高出许多。

再如，将一块棱长为1米的正方体木头分割成大小为1立方毫米的小正方体，再把这些小正方体排成一个长条，能排多长？因为1米 $=1000$毫米，那么这块1立方米的木头可以分成多少个1立方毫米的小木块呢？通过计算可知，能

分成 $1000 \times 1000 \times 1000 = 1000000000$（个），也就是说，有10亿个1立方毫米的小木块。这些小木块的棱长都是1毫米，如果把10亿个棱长为1毫米的小木块排成一排，其长度为 $1 \times 1000000000 = 1000000000$（毫米）$= 1000000$（米）$= 1000$（千米）。

将这些小木块排成一排，几乎可以从南京排到北京。

尽管这两件事在现实中是很难"操作"的，但是在理论上确实是这样，真是不可思议。

从0分也可以及格谈起

在学习运算时，有一条基本法则：若$A=B$，$B=C$，则$A=C$。数学家称之为"传递性"。

也许有人认为这样的性质不值得一提。为了引起大家的重视，请思考"约等于"有没有传递性。假设"约等于"有传递性，某次考试的及格线为60分，有一个同学考了59分，$59\approx60$，就让他及格吧。结果那个考58分的同学也提出要让他及格，因为$58\approx59\approx60$。照这样推理，考0分的同学也能及格了。因此，"约等于"看似和"等于"差不多，却不具备传递性，而"等于"具备传递性。你尝试一下就会发现，如果取消了这种传递性，在计算中遇到等量代换时就很难进行下去。

两个对象之间还有一种关系就是非传递性，如同学关系。A和B是同学，B和C是同学，A和C则未必是同学。再讲一个生活中的故事。

一天，小张、小李和新同学小王聊天，看谁家离学校近。小张说："我家离学校很近，只有3千米路程。"小李说："我家稍远一点儿，有4千米。"小王说："那么你们两家不是住得很近，才相隔1千米？"小张说："小李家我知道，我们两家隔得比较远。"

小王有点蒙了，想了好久，突然说："我忘了考虑方向。你们两家住的地方不是在学校一侧的同一方向，而是在学校两侧的相反方向，你们两家相距7千米，确实有点儿远。"

小张说："没有7千米那么远，但也没有近多少。"

这下小王彻底糊涂了。

原来小王一开始听说他们两家离学校近，就认为他们两家住得也近，其实无意中运用了传递性。事实上，住得近和"约等于"是一样的，并不具有传递性。我们在解答行程问题时十分强调运动方向，应确定两个物体是相向运动、同向运动还是相背运动。而在现实生活中，两个物体的运动未必都在一条直线上。

可以利用圆的性质作图。如下图所示，用一个点 O 表示学校所在地，小张、小李的家分别距离学校3千米和4千米，处在以点 O 为圆心的两个同心圆上，用 A、B 表示，则 $1 < AB < 7$。这就是三角形的一边大于另外两边之差，小于另外两边之和。AB 到底等于多少呢？这要等到同学们学习了更多的知识以后才能解答。不能忘记 A、B、O 三点在

一条直线上时，$AB=1$，或者$AB=7$。

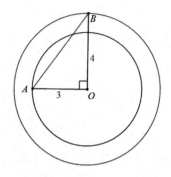

下一个数是什么

有这样一类题目：给出一些数，让你观察并总结规律，猜测下一个数是什么。

给出1、2、4、8、16，那么下一个数是什么呢？我们可以认为下一个数是32，因为后一个数是前一个数的2倍。

给出1、4、9、16、25，那么下一个数是什么呢？我们可以认为下一个数是36，因为前面的每个数都是自然数的平方。

给出1、1、2、3、5、8，那么下一个数是什么呢？我们可以认为下一个数是13，因为从第三个数开始，每个数都等于前面的两个数之和。这就是著名的斐波那契数列，也叫兔子数列。

给出1、2、6、42、1806，那么下一个数是什么呢？我们可以认为下一个数是3263442。这组数遵循这样的规律：第一个数是1，后面的每个数都是前一个数乘以它与1的和。验证如下：$1 \times (1+1)=2$，$2 \times (2+1)=6$，$6 \times (6+1)=42$，

$42 \times (42+1) = 1806$，$1806 \times (1806+1) = 3263442$。

类似地，给出一组数1、4、14、45、139，可认为有这样的规律：第一个数是1，接下来的数依次为$(1 \times 3) + 1 = 4$，$(4 \times 3) + 2 = 14$，$(14 \times 3) + 3 = 45$，$(45 \times 3) + 4 = 139$。

给出60、30、20、15、12，可认为有如下规律：这组数的第一个数是60，其他各数依次为$60 \div 2 = 30$，$60 \div 3 = 20$，$60 \div 4 = 15$，$60 \div 5 = 12$。

看了这么多例子，你是不是摸出了些门道来呢？这类问题有些比较简单，有些却很难捉摸，让人很难猜到出题人所指的规律到底是啥。这类问题在近几年的公务员考试中频频出现，难倒了一大批人。

我们要特别强调，这类找规律的方法是一种不完全归纳法。给出若干数，是不能完全确定下一个数的，就好像你发现"一"是一横，"二"是两横，"三"是三横，能推出"四"是四横吗？

我们只是找到了这组数表现得较为明显的规律而已，而规律并不唯一，其他人也可以从别的角度给出答案，也有充足的理由。

比如，1、2、3、4、5、6、7的后面一定是8吗？不一定。也可能是1，因为星期日之后又是星期一了。

又如，2、4、8、16的后面一定是32吗？不一定，有人给出了这样的几何解释：如下图所示，圆周上有2个点，它们将圆分成2部分；圆周上有3个点，它们将圆分成4部分；圆周上有4个点，它们将圆分成8部分；圆周上有5个点，它们将圆分成16部分；圆周上有6个点，它们将圆分成30部分，而不是32部分。

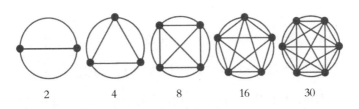

还有些更特别的思维。比如，1、2、3、5、4的下一个数是什么？答案是100。理由是：1、2、3、5、4的中文是一、二、三、五、四，它们的笔画数分别是1、2、3、4、5，而100的中文是百，有6画。

国外也有类似的题目。10、4、3、11、15的下一个数是什么？答案是14，理由是：ten（10）有3个字母，four（4）有4个字母，three（3）有5个字母，eleven（11）有6个字母，fifteen（15）有7个字母，fourteen（14）有8个字母。

对称让问题变得简单

币有两面，随手抛下，非正即反，机会均等。

骰有六面，随手掷下，结果难料，机会均等。

从抛硬币到掷骰子，从两面到六面，展示出对称性质可扩展的空间。

如果换一个角度来看，问掷骰子所得的数是奇数还是偶数，那就和抛硬币猜正反没有区别了，于是便衍生出这样的问题：

用1、2、3、4、5、6这6个数字组成没有重复数字的六位数，其中偶数共有多少个？

先来看看总共可以组成多少个六位数，六位数中的第一位可以排6个数字中的任意一个，有6种可能；第二位可以排剩下的5个数字中的任意一个，有5种可能；第三位可以排剩下的4个数字中的任意一个，有4种可能；第四位可以排剩下的3个数字中的任意一个，有3种可能；第五位可以排剩下的两个数字中的任意一个，有两种可能；第六位，也就是末位数，没得选了，只有唯一的可能。那么，总共可以组成720个六位数，即$6 \times 5 \times 4 \times 3 \times 2 \times 1 = 720$（个）。

在这720个数中，不是所有的数都符合条件，还要看个位是奇数还是偶数。在1、2、3、4、5、6这6个数中，偶数占一半，个位是偶数的可能性也是一半，那么在这720个数中偶数应该有360个，即$720 \div 2 = 360$（个）。

其实，我们还有一种巧妙的方法来说明在这720个六位数中，奇数和偶数的个数是一样的，那就是一一对应。

举个例子来说吧。公园里开晚会，来了很多人。到底来了多少人呢？收门票的师傅能告诉你答案，只要数一下他手里的票根就好了。每人一张票，收到多少张票根，就说明来了多少人。每一张票根对应一个人，这就叫一一对应。

如果我们从720个数中任意找一个偶数出来，能否找到一个奇数与之对应呢？比如给出偶数135246，那么我们可以给出奇数632421与之对应。632421是怎么找出来的呢？细心的读者会发现：$135246 = 777777 - 642531$。依照这种方法，我们就能将720个数中的偶数与奇数一一对应起来。

一一对应何尝不是一种对称呢？比如，我们可以把蝴蝶看作一种对称图案，无非就是左边有的，右边也有，一一对应！可惜，世间万物并不总是对称的！比如，将前面的那道题稍加修改：

　　用0、1、2、3、4、5这6个数字组成没有重复数字的六位数，其中偶数共有多少个？

　　也许有人迫不及待地抢答，还是360个。在0、1、2、3、4、5这6个数字中，奇数和偶数各占一半，不就是720÷2=360吗？

问题是奇数1、3、5都可以排在首位，但偶数中只有2和4能排在首位，0不能作为六位数的首位。这时，奇数和偶数已经不再对称！

通过这个例子，我们发现对称与不对称有时是可以相互转换的。接下来的这个例子充分说明了这一点。

有这样的两位数，它的十位上的数字比个位上的数字大，比如31、52、84等。问：这样的两位数有多少个？

两位数就是从10到99。我们按照十位上的数字从小到大依次列出符合条件的两位数：（10）、（20、21）、（30、31、32）、（40、41、42、43）……（90、91、92、93……98），总共有45个，即 $1+2+3+\cdots+9=45$（个）。

这里运用的是先分类讨论而后汇总相加的思路，我们也可以采用对称的思路进行分析。

十位上的数字与个位上的数字比较大小，有三种可能：十位上的数字大，如21；二者相等，如22；十位上的数字小，如23。从10到99共有90个数，减去像11、22……99这样的9个数，还有81个数。假设其余两种情况各占一半，那么符合题目要求的两位数有40.5个，这可能吗？

显然不对。问题出在其余两种情况不是各占一半。在大部分情况下，十位上的数和个位上的数除了相等之外，大于和小于各占一半。比如，可以将18和81看作一对，将

34和43看作一对……可是还有10、20、30……这些数，我们找不到其他的两位数与之配对。如果我们换个思路，将1、2、3……看成01、02、03……这样的两位数，让它们与10、20、30……这些数配对，那么大于和小于就真的各占一半了。从01到99共有99个数，从中减去11、22……99这样的9个数，还有90个数。大于和小于各占一半，所以符合题目要求的两位数有45个。

　　对称，让问题变得简单！

解题需要联系实际

有这样一个问题：有个军舰模型摆放在水池中，军舰的甲板高出水面80厘米。现在向水池中不断注水，每小时水面会上涨20厘米。问：几小时后军舰会沉没？对于这个问题，出现了三个答案。

答案一：$80 \div 20 = 4$（小时），即4小时后军舰会沉没。

答案二：$80 \div 20 = 4$（小时），4小时后水刚好到甲板，军舰不会沉没，但军舰很快就会沉没。

答案三：因为水涨船高，所以军舰不会沉没。

毋庸置疑，第三个答案正确。其实这道题应该算是智力题，或者说是脑筋急转弯，尽管很简单，但很多同学做错了，这只能说明他们平时对生活缺乏观察，不了解"水涨船高"这一生活常识。

我们在解题时需要联系实际。比如，在计算物体的表面积时，游泳池只有5个面，烟囱没有上下底。同样，联系实际也有利于检验题目的答案。比如，目前一个人的年

龄不会超过150岁，计算某班级人数时不可能出现小数，等等。

同学们，解题不只是列式解答，有时需要联系实际想一想，或许有意想不到的答案。再如下面这道题：如下图所示，小石从A处带了一只桶，要到河边取一桶水，然后去

B 处。问：他沿着什么样的路线走最合适？

这道题太简单了。如右图所示，先找
出点 B 关于河岸的对称点 B_1，然后连接 A
和 B_1，与河岸正好相交于点 O。沿着 AO、

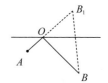

OB 取水就可以了，因为这是最短的路线。如果换成在别
的地方取水，如到点 M 处取水，行走的路线会更长（见
下图）。因为 $AM+MB=AM+MB_1$，$AO+OB=AB_1$。根据
$AM+MB_1>AB_1$，所以 $AM+MB>AO+OB$。

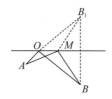

从数学的角度来说，这种解法没有任何问题，但如
果联系实际，则发现似乎有更加合理的解答。因为小石
提一桶水时走起来一定很吃力，如果沿着
$AM'+M'B$ 走（见右图），虽然到河边的距
离长了一些，但是取到水后走的路程短了。

题目只要求找到最合适的路线，而最短的路线不一定是最
合适的。联系实际，或许"最省力的才是最合适的"。

大智慧、小聪明和老实人

武侠小说家古龙先生曾说，世上有大智慧的人少，笨笨的老实人也少，大多数是些有小聪明的人。而要想成就大事业，要么就要有大智慧，能将世事彻底看透，要么就做个老实人，一步一个脚印，踏踏实实。如果你自认为有些小聪明，遇到困难时就想避开，总想走捷径，那么是难成大事的，毕竟人要经历些苦难才能成长。

现在的城市规划很规范。拿一些小区来说，一栋栋楼房排列得很规整，道路也是平行的。这有个好处，我们只要认准大致方向，就能到达目的地。

右图中的线段表示供人们行走的道路，而我们要从点A到点C去，其中有多条道路。在正常情况下，我们希望较快到达目的地。

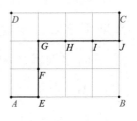

有些老实人选择最简单的走法，从点A走到点B，然后走到点C。耍小聪明的人在遇到一个路口时会考虑有没

有捷径，而这样的考虑会耽误一些时间。而有大智慧的人一看就知道不管怎么走，都要沿水平方向走4个单位，沿垂直方向走3个单位，怎么走也不省事。

据说下面这道趣题曾难倒了不少聪明人。

巧克力大家都吃过。可以将一块长条形的巧克力分为很多小块，比如$m \times n$块。假设某人希望将这块巧克力掰成一小块一小块的，他想保持小块完整，所以每次只掰一小块巧克力，而不是把几块较大的巧克力重叠在一起来掰。那么，这个人要掰多少次呢？

老实人一听完题就已经在动手掰了，笨鸟先飞嘛！要小聪明的人则会想，最初是一块，要想掰出$m \times n$块，怎么做才最省事呢？可能老实人已经掰完了，这个聪明人还没想出办法来。而有大智慧的人则会想到，不管怎么做，是横着掰还是竖着掰，每掰一次，都只能使块数增加1，要想掰出$m \times n$块，就必须掰$mn-1$次。没啥巧妙办法，老老实实动手才是上策。

有人说，在前进的道路上，我们不单要低头赶路，更要抬头看路。可问题是在很多情况下都是没有捷径可走的。

刻舟求剑的错误要不得

兄弟两人对话。

兄对弟说："10年后，我的年龄是你的2倍。"

弟对兄说："不，10年后我和你同龄。"

旁人听了，莫名其妙。

现今兄是30岁，弟是20岁。兄只知10年后自己是40岁，是弟现在的年龄20岁的2倍。弟只知10年后自己是30岁，与兄现在的年龄30岁一样。看样子，兄弟二人只知自己的年龄会增长，而忘了别人的年龄也会增长。这让人联想到刻舟求剑的故事。楚国人认为舟动，剑随之动。而这两兄弟则认为自己的年龄变大，对方的年龄却不变。

二者的认识看似相反，实质上是一样的。以静止的眼光来看待变化发展的事物，必将导致错误的判断。寓言中反映的现象一点儿都不过时，比如下面这道题。

现在是2点整，请问：过多久分针会与时针重合？

也许有人会脱口而出，不就是10分钟吗？

当然不是，分针与时针的位置和兄弟二人的年龄一样，都是时时在变化的，所不同的是兄弟二人的年龄是同步增长，而分针与时针的位置关系则可以看作一个追击问题——分针追赶时针。

分针走得快，1分钟转6°；时针的速度慢，1分钟转0.5°。现在相差60°，时针和分针同时转动，所以所求的时间为 $60 \div (6-0.5) = \dfrac{120}{11}$（分钟）。

这个结果比10分钟要大，但大得也不是太多，这都是意料中的事情。

趣谈1001

看到1001，若最先想到的是《一千零一夜》，说明你是一个文学爱好者；若最先想到的是等式$1001 = 7 \times 11 \times 13$，则说明你是一个数学爱好者。

10月1日是国庆节，可以用数字记为1001。显然1001是个回文数（正读和倒读都一样的整数）。

1001又是个五边形数。五边形数是形数的一类，形数即有形状的数。毕达哥拉斯学派研究数的概念时，喜欢把数描绘成沙滩上的小石子，小石子能够摆成不同的几何图形，于是就产生了一系列形数，如三角形数、正方形数、五边形数等。五边形数（见下图）的通项公式是$\dfrac{n(3n-1)}{2}$。当$n = 26$时，这个五边形数就是1001。

形如$abcabc$这样的六位数能被7、11、13整除，原因是$abcabc = 1001 \times abc$，而$1001 = 7 \times 11 \times 13$。

因为$1001 = 7 \times 11 \times 13$，所以1001是个殆素数。

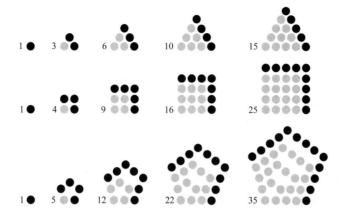

殆素数是啥？它的英文名almost prime可能更好懂些。望文生义的话，可以将它理解成几乎是素数，快要是素数。

殆素数的严格定义是，素因子（包括相同的素因子与不同的素因子）的个数不超过某一固定常数的正整数。例如，15=3×5，它有两个素因子；19有一个素因子；27=3×3×3，它有3个素因子；45=3×3×5，它有3个素因子。可以说，它们都是素因子数不超过3的殆素数。殆素数就是素因子数不多的正整数。

挂历中的等差数列

你也许听说过高斯小时候计算$1+2+3+\cdots+100$的故事，那就是最简单的等差数列求和。

等差数列就是指一列数，其中任何相邻的两个数的差都相等。比如，1、3、5、7、9就是一个等差数列。

在生活中，一堆堆钢管十分常见，各层钢管的数量常常构成等差数列。还有我们用的挂历，不管横看、竖看或斜看，其中的日期都是等差数列。比如4、11、18、25，相邻的两个数相差7；又如2、8、14、20、26，相邻的两个数相差6，这些数也构成等差数列。

下面我们来玩一个猜数游戏。

规则是这样的：表演者在挂历上画一个4×4方框（如下图所示），在纸上写下一个数64（不让人知道）。

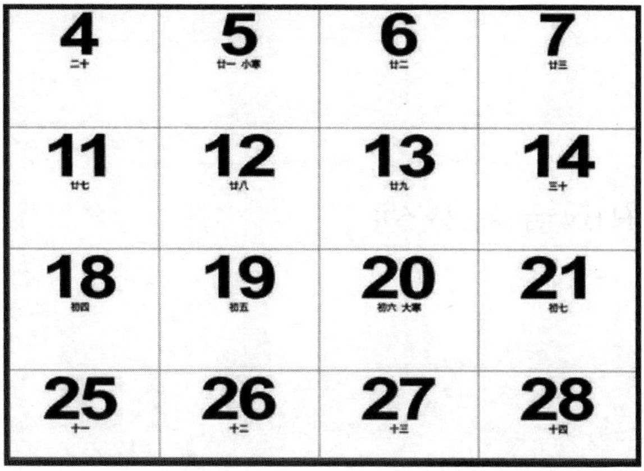

再任选3位观众，请第一位观众从这16个数中选出一个，比如5，再删去5所在的行和列，如下图所示。

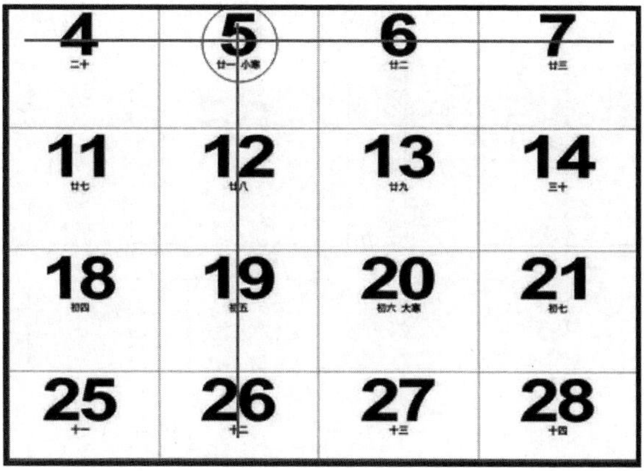

第二位观众从剩下的数中选出一个，比如13，再删去13所在的行和列，如下图所示。

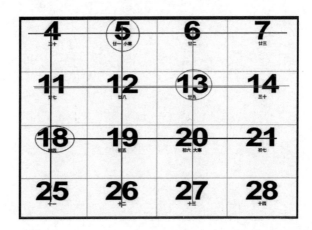

第三位观众从剩下的数中选出一个，比如18，再删去18所在的行和列，如下图所示。

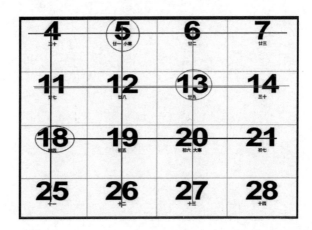

最后剩下的数是28，再加上选出的3个数5、13、18，这4个数的和为64，刚好就是表演者所写下的数。

这是为什么呢？表演者并没和观众串通，观众确实是随机选数的。不管观众如何选数，都要遵循规律——4个数不能来自同一行和同一列。换句话说，要从每行每列中选取且仅选取一个数。此时等差数列就发挥了作用，4+11+18+25+0+1+2+3=64。不管前4个数与后4个数如何两两组合，都不影响最后的结果。

你学会了吗？表演给你的小伙伴或者家人看吧！还可以事先选择5×5方框，或者让观众自己来框选，这样可以显得你的水平更高。

隐藏事实真相的百分数

随着经济的发展和社会生活的日益丰富，人们越来越喜欢用统计数字说明问题。"数字说明一切"的理念深入人心，甚至一些广告设计者也动起了这方面的心思。

一本高考复习资料的封底上写着：考上某类高校的学生80%都拥有这本书。这个80%的数据是怎么来的？也许当初为了做这个广告，有关方面找遍整个校园，才找到4个人曾经买过这本书。如果就此说访谈了4个人，4个人全用了这本书，这也有点儿不靠谱。那么就再虚构一个人吧，5个人中有4个人使用此书，从而得到了80%这个数据。

如果有报道称在某农场主所饲养的全部牲畜中，57%是牛，14%是猪，其余的牲畜占29%。你也许会认为这是一个很大的农场，而事实上这位农场主只养了4头牛、2只羊和1头猪。这就是他的全部牲畜。

又如，某单位的年终总结中写道："我们单位女职工的地位提高了，在单位领导中女性比例提高了100%。"女同胞们是不是非常高兴呢？真实情况是原来有一位女性领导，现在多了一位。

在很多统计中，百分数使得一些普通的数据被吹嘘得非常了不起，同时也埋没了许多有价值的信息。因此，在面对各式各样的百分数时，我们要本着"既相信统计数据又不完全相信统计数据"的态度，追寻数据的来源，考虑数据的可靠性和真实性，并结合实际情况，不被那些看似漂亮的虚假数据所迷惑。

两对父子三个人

有这样一道趣味思考题：古时候，两对父子去打猎，每人都猎得一只老虎，回家数一数，总共只有三只老虎。为何？（这个问题有各种各样的版本，如两对父子一起去照相，相片里只有三个人。）

你知道答案吗？这个答案是你自己想出来的，在书上看到的，还是别人告诉你的？通常情况下，答案是这样的：爷爷、爸爸、儿子三代人去打猎，爷爷和爸爸是一对父子，爸爸和儿子是一对父子。这样两对父子就是三个人。

如果我们只是知道了答案，却不知答案是怎么得到的，这样的思考并不完整。重新分析这道题，关键在于如何理解"两对父子三个人"。首先，需要分析题意，"两对父子"是从人物关系的角度来说的，"三个人"是从人物数量的角度来说的。一对父子是两个人，另一对父子也是两个人，加在一起却变成了三个人，说明这两个父子的集合有重合元素。

其次，尽量用数学化的语言来描述研究对象。假设两对父子分别为父1、子1和父2、子2。父1和子1构成父子1这个集合，父2和子2构成父子2这个集合。两个集合合并后只有3个元素，说明这两个集合当中有公共元素。那么这个公共元素是谁呢？需要分类讨论。

假设父1＝父2，则可推出这两对父子是：一个爸爸和两兄弟。

假设父1＝子2，则可推出这两对父子是：爷爷、爸爸和儿子。

假设子1＝父2，则可推出这两对父子是：爷爷、爸爸和儿子。

假设子1＝子2，这种情况一般不存在，因为一个人不可能有两个爸爸。如果是养父、岳父，就另当别论了。

通过以上分析发现，我们将一个非数学问题转化为数学问题，并通过分类讨论来求解。由于遍历了所有可能性，因此我们可以保证我们的解答是完整的，从而也发现了传统的解答漏解了。

如果我们只是听信别人的答案，并记住了这个答案，其实意义不大，甚至可能记住的还是个错误答案。掌握分析问题、解决问题的方法才是最重要的。

无法建成的祭坛

大约在公元前400年，古希腊的第罗斯岛上突然流行起一种怪异的传染病。尽管这种传染病并不致命，但束手无策的人们惶惶不可终日，认为这是上天的警告，他们可能还会面临更加可怕的灾难。恐慌的人们来到太阳神阿波罗的神庙，请求阿波罗的指点和庇护。

阿波罗传下旨意说："神殿前有一个正方体祭坛，如果你们能不改变它的形状，而把它的体积增加1倍，那么传染病就能自然消失。"前来祈求的人们奉太阳神的旨意，连夜赶造了一个长、宽、高都比原正方体祭坛大1倍的祭坛。他们以为这下万事大吉了，可传染病非但不见好转，反而传播得更加严重，生病的人也越来越多了。于是，人们又来到阿波罗神像前说道："万能的神啊，我们按照您的旨意去做了，为什么传染病却越来越严重呢？"

阿波罗再次传下旨意："那是因为你们对我不敬！我要你们把祭坛的体积增加1倍，可你们把祭坛的长、宽、高都增加了1倍，这根本没有达到我的要求……"看样子，触怒了神可没什么好果子吃。

人们回去后赶紧开始计算。假设原来正方体祭坛的长、

宽、高都是1，它的体积就是1×1×1＝1；新正方体祭坛的长、宽、高都是2，它的体积就是2×2×2＝8。哎呀，新正方体祭坛的体积比原先的祭坛大了整整7倍，难怪阿波罗会不高兴。人们请教了多少高手，绞尽脑汁，但怎么也琢磨不出这个祭坛究竟该如何建造。频频失败的人们开始怀疑符合要求的新祭坛是否存在。

当人们的思维变换了角度后，事情也出现了转机。数学家经过研究，从理论上严密地推断出，阿波罗所要求的祭坛根本就不可能建成。恍然大悟的人们从此不再盲目地寄希望于神，他们四处求医问药，最终依靠精湛的医术消灭了这种传染病。

老鼠繁殖与非法传销

某网站上有过这样一则报道：墨西哥的一个小镇因50万只老鼠肆虐而备受人们关注，如今保加利亚的布尔加斯地区也遭到老鼠的"入侵"，而且更为恐怖的是当地的老鼠竟然有1亿只左右，人们深受其害，目前当地政府正在紧急向各方寻求有效帮助，希望尽快灭鼠。

为什么我们人类这么痛恨老鼠呢？因为它们不但在大街小巷中"大胆出没"，而且经常在人们的家中"露脸"，肆无忌惮地"搬"走各种东西，咬坏各种物品。另外，老鼠很容易传播疾病。这些都严重干扰了人们的工作和生活。更可怕的是，老鼠的队伍还在不断壮大。为什么会有这么多老鼠呢？

你只要看看日本数学家吉田光由的"鼠算遗题"，就能明白老鼠为什么会泛滥成灾了。这道题说："正月里，鼠父鼠母生了12只小鼠，于是大小老鼠共有14只。2月里，两代老鼠全部配成对，每对各生12只。12个月后，老鼠的总数是多少？"从最初的一对鼠父鼠母开始计算，每过一个月老鼠的数量就扩大7倍，因此12个月后老鼠的总数便是将12个7与2连乘的结果，即2×7×7×7×7×7×7×7×7×7×7×7×7=27682574402（只）。

那么，你知道现代版的"老鼠繁殖"——传销吗？一个人想参加传销组织，就要购买其组织所推销的产品作为入会费。当然，每个会员都可以发展若干会员。每当一个会员发展一个新会员时，他的上级都会有相应的提成作为报酬。假设一个人发展了10个会员，而每个会员交纳会费1000元（产品其实只值几十元甚至更少），这个人便可以从每个新会员那里得到一成的提成，即1000×0.1=100（元）。因此，他可以获得的"报酬"为100×10=1000（元）。如果他的每个会员又各自发展10个会员，就又有了100个会员，他一共可以得到的提成为100×（10+100）=11000（元）。在这样巨大的利益的诱惑下，越来越多的人就会被骗进来，而他们又会欺骗别人。如此恶性循环，其结果是一个人发展的会员越多，他就越富有。最后，当诈骗的钱财达到一定数目时，这些老会员就会携巨款潜逃。

同学们，你们看清楚传销的本质了吗？这其实就是不折不扣的诈骗，你们可千万不能上当受骗！

分苹果引发的分配律

有两个同学来小西家玩。拿什么招待两位同学呢？小西发现家里刚好还有两个苹果。可问题是这两个苹果一大一小，明显相差很多，而两个人都是他的好朋友，厚此薄彼不是待客之道。从大苹果上切一部分下来，补偿给那个拿小苹果的人，好像也不合适。

突然，小西想到把每个苹果对分的方法。苹果差不多是对称的形状，两个同学一人吃两份"半个苹果"就好了。你瞧：

$$\frac{1}{2}(\bigcirc + \bigcirc) = \frac{1}{2}\bigcirc + \frac{1}{2}\bigcirc = D + D$$

这其实就是分配律在生活中的应用。再举个例子，张叔叔一个月的工资是2500元，李叔叔一个月的工资是2300元，那么一年下来，张叔叔比李叔叔多多少钱呢？对于这个问题，可以用张叔叔的年收入减去李叔叔的年收入，也就是2500×12-2300×12。如果你想快速算出结果，使用分配律是很有效的，$2500 \times 12 - 2300 \times 12 = (2500 - 2300) \times 12 = 200 \times 12 = 2400$（元）。

使用分配律，绝不仅仅是为了使运算简单。有时，分配律与几何图形结合起来，还会产生新的意义。比如，在计算梯形面积的时候，通常将两个完全相同的梯形拼成一个平行四边形（见下面的左图）。按照这种理解，梯形面积公式为 $S = \dfrac{(a+b)h}{2} = \dfrac{1}{2}(a+b)h$。实际上，如果画出梯形的一条对角线，不用另外作梯形来"补"，而是采取从内部"割"的方法，则会更简单（见下面的右图），这其实也采用了分配律：$S = \dfrac{1}{2}ah + \dfrac{1}{2}bh = \dfrac{1}{2}(a+b)h$。

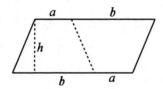 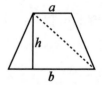

利用分配律，还可以一题多解。如下面的左图所示，已知正方形的边长为 a，求阴影部分的面积 S。

考虑到阴影部分不是常规图形，我们将之8等分（见下面的右图），所得图形可看作从扇形中减去一个三角形，则有 $S = 8\left[\dfrac{1}{4}\pi\left(\dfrac{a}{2}\right)^2 - \dfrac{1}{2}\left(\dfrac{a}{2}\right)^2\right] = a^2\left(\dfrac{\pi}{2} - 1\right) = 2\pi\left(\dfrac{1}{2}a\right)^2 - a^2$。

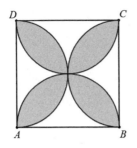 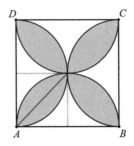

看似简单的操作却给了我们一个新的视角：两个以 $\dfrac{1}{2}a$ 为半径的圆的面积减去正方形 $ABCD$ 的面积，即为阴影部分的面积。

你看，简单的分配律的作用也不小呢！

乘法计算再思考

观察下面的两种计算方法，你有什么发现？

```
        1 2 6              ×  1 2 6
    ×     6 8                  4 0 8
    ─────────              ─────────
      1 0 0 8                1 3 6 0
    + 7 5 6 0              + 6 8 0 0
    ─────────              ─────────
      8 5 6 8                8 5 6 8
```

第二种方法需要先计算 68×6、68×20 和 68×100 三次乘法，然后把 3 个数相加，即 $408+1360+6800$。第一种方法只要先计算 126×8 和 126×60 两次乘法，然后把两个数相加，即 $1008+7560$。这样看来，似乎算两次比算 3 次简单。

继续思考，第一种方法中的两次乘法是三位数乘法，第二种方法中的 3 次乘法是两位数乘法（忽略 0）。从这一角度分析，第二种方法要简便些。解题常常不止一种思路，我们要尽可能地全面考虑，分析每种思路的优点和缺点，最后综合评价，最好能取长补短，集"各家之长"。这和做人一样，要多学习别人的优点。现在你想想，这道题能不能集中两种思路的长处，加以改进呢？

如下图所示，在计算出 $68 \times 6 = 408$ 之后，不再分别计算 68×20 和 68×100，而是结合 12（忽略个位 0）是 6 的倍数，充分利用刚才的计算结果 408，直接将其翻倍变成 816，这样就简单多了。

```
      6 8                        6 8
×   1 2 6                  ×   1 2 6
      4 0 8         ⟹          4 0 8
  1 3 6 0                    8 1 6 0
+ 6 8 0 0                  + ─────────
  8 5 6 8                    8 5 6 8
```

这道题本身并不重要。不管采用上述 3 种方法中的哪一种，只要能正确算出结果就行。我们真正想表达的是如下三点。

1. 看问题尽量全面，要善于发现不同方法的优缺点，并有兼容并包的雅量。不能因为个人喜好而偏向某方，否则视角就窄了。

2. 如果发现现有的方法各有优缺点，要敢于创新。即使面对一个十分普通的问题，多思考，或许就能有新的发现。

3. 解决问题要善于利用条件。可以利用的条件包括最初给出的条件，在解决问题的过程中发现的结论也可作为条件，不必时时回到原始条件上。形势在不断变化，要因势利导，做到顺势而为、借势而起、造势而进、乘势而上。

再看一个乘法算式 23×32，用 23 不断乘以 2，用 32 不断除以 2。或者说不断从 32 中提取 2，再与 23 相乘，最后得到的结果为 736。如果是计算 23×37，是否还能用这种方法？好像不能，因为当不断除以 2 时，有时不能整除。此时不必急于下结论，最好尝试之后再进行判断。

23	× 32	23	× 37 ……1
46	16	46	18 ……0
↓ 92	8	↓ 92	9 ……1
184	4	184	4 ……0
368	2	368	2 ……0
736	1	736	1 ……1

仿照原来的操作，用 23 不断乘以 2。这一列操作没有问题，可以进行。而 $37 = 2 \times 18 + 1$，我们将 18 写在 37 的下面，余数 1 写在 37 的右边。接下来进行类似的操作，最后得到商为 1，余数为 1。

23×37 是不是等于 736？显然不是，因为 $736 = 23 \times 32$，而 23×37 要大于 736。我们观察这些数据，发现 23、46、92、184、368、736 所对应的余数有的是 1，有的是 0。尝试将余数为 1 的几个数相加，得到 $23 + 92 + 736 = 851$，恰好是 23 和 37 的积。这说明原来的方法稍加改进还可以继续使用。那么，其中的道理是什么呢？

$2^5=32<37<2^6=64$，于是$37=2^5+5$；$2^2=4<5<2^3=8$，于是$5=2^2+1$。所以，$37=32+4+1=2^5+2^2+2^0$。

$$23\times37=23\times(32+4+1)=23\times(2^5+2^2+2^0)$$
$$=23\times2^5+23\times2^2+23\times2^0=436+92+23=851。$$

用二进制表示，可知$37=2^5+2^2+2^0=100101_2$，就是23×37这个例子中的余数从下往上排列的结果。此方法也可以推广。如下图所示，将37改写成五进制，也就是$37=1\times5^2+2\times5^1+2\times5^0=122_5$。

$$37\cdots\cdots2$$
$$\downarrow\ 7\cdots\cdots2$$
$$1\cdots\cdots1$$

当然，我们最常用的还是十进制。比如，123并不表示$1+2+3$和$1\times2\times3$，这里的数字"1、2、3"除了表示大小，还对应着一个位置。$123=1\times10^2+2\times10^1+3\times10^0=(1,2,3)\cdot(10^2,10^1,10^0)$。[仿照数的表示方式，形如$(x_1,x_2,\cdots,x_n)\cdot(y_1,y_2,\cdots,y_n)=x_1y_1+x_2y_2+\cdots+x_ny_n$）的"乘法"叫作内积。]

23×37只不过是普通的两位数乘法，有必要搞得这么复杂吗？

显然，我们不是为了追求一个计算结果。我们学习了一种方法，需要多用，多用才能熟练掌握。用的时候自然会遇到不同的情形，发现有的情形与当初的情形基本相似，这时简单套用即可。但也有与当初情形不一致的时候，是马上认输，承认方法失效，从此画地为牢，故步自封，还是想办法，看看老方法变化之后，能否解决新问题？

如能成功，将进一步扩展原方法的应用范围。即便失败，也能加深对原方法局限性的认识。这样一来，胜固欣然，败亦不馁，总归有所收获。

数学慧眼

"一日三次"有讲究

人们在日常生活中难免感冒发烧，所以一般人家里都会备些常用药。许多口服药的说明书在"用法"一栏中会注明"一日三次"或"一日两次"。比如，太极牌复方板蓝根颗粒在"用法用量"一栏中就注明"口服，一次15克，一日三次"。诺氟沙星胶囊在"用法用量"一栏中注明"一日两次"。

一般患者会认为，一日三次是指在一天三餐之前或之后口服，一天两次是指在早餐和晚餐之前或之后口服。你也是这样认为的吗？如果是这样，那就错了。

大家也许已经学习过了"24时计时法"，"一日"应该包括白天和黑夜，共24小时，而不能仅仅理解为白天这段时间。将24小时分为3等份，每等份是8小时，即 $24 \div 3 = 8$。所以，"一日三次"的正确理解应该是每隔8小时服药一次。同理，"一日两次"的正确理解应当是每隔12小时服药一次。

其实，每种药的用法和用量都是根据24小时内药物在人体血液中的浓度变化制定出来的。两次服药间隔的时间过长会影响疗效，两次服药间隔的时间过短会增加药物的毒副作用。如果把三次服药的时间都安排在白天，则会造成白天血药浓度过高，给人体带来危险，而夜晚血药浓度过低，又达不到治疗效果。

当然，我们在购买药物时，还应该询问这种药是在餐前、餐后还是用餐时服用。比如，阿司匹林不应该在餐前服用，因为它对肠胃有明显的刺激，应在餐后服用。另外，还要询问这种药是在早上、中午还是下午吃。比如，降血糖的药物适宜在凌晨服用，此时人体对胰岛素比较敏感，小剂量就可以达到较好的疗效；而抗哮喘的药物适宜在晚上临睡前服用，因为哮喘病人往往会在夜晚出现呼吸困难。

俗话说"是药三分毒"，所以每个人在服药前一定要询问清楚有关注意事项。

不可思议的快门速度

喜欢摄影的人都知道，拍摄环境决定了最合适的快门速度，一般的相机是拍不到瞬间影像的。要想清晰地拍摄运动中的物体（比如正在参加比赛的F1赛车、跳水运动员入水时的水花等），只有使用高速快门，才可以把一瞬间的变化记录下来。

你能想象装满水的气球在爆炸瞬间是什么样子吗？以肉眼观察，只能看到气球突然破裂，水洒满一地。英国摄影师爱德华·霍斯福特采用高速摄影技术拍摄到了装满水的气球爆炸的瞬间。这个瞬间究竟有多么短暂呢？爱德华·霍斯福特在黑暗环境中反复试验50多次，采用$\frac{1}{40000}$秒的快门速度，用气球爆炸的声音激发闪光灯并曝光，最终成功地拍摄出了绚丽的照片。

仅看$\frac{1}{40000}$这个数就感觉它很小了，要在$\frac{1}{40000}$秒的时间内记录下瞬间的影像，可以想到快门速度之快。快门

速度通常用秒或几分之一秒来表示。不同品牌的相机会有不同的快门速度范围，这个范围很重要。所有的单反相机至少都有以下快门速度（也许会更多）：1秒、$\frac{1}{2}$秒、$\frac{1}{4}$秒、$\frac{1}{8}$秒、$\frac{1}{15}$秒、$\frac{1}{30}$秒、$\frac{1}{60}$秒、$\frac{1}{125}$秒、$\frac{1}{250}$秒、$\frac{1}{500}$秒、$\frac{1}{1000}$秒。有些相机的快门速度会采用简略方式来表示，如

把 $\frac{1}{30}$ 秒标记为 "30"。为了区分秒和几分之一秒，不同的相机生产厂家会使用不同的颜色或特殊的标记加以区分。一般单反相机的快门速度可达 $\frac{1}{4000}$ 秒，专业相机则可达 $\frac{1}{8000}$ 秒，而爱德华·霍斯福特拍摄气球爆炸瞬间所采用的快门速度达到了 $\frac{1}{40000}$ 秒，真是给力！

快门速度越快，拍摄运动物体时就会得到越清晰的影像；反之，快门速度越慢，拍摄的运动影像就越模糊（见下图）。

快门速度为 $\frac{1}{10}$ 秒　　快门速度为 $\frac{1}{100}$ 秒　　快门速度为 $\frac{1}{1000}$ 秒

天气概率预报

今天怎么突然下雨了？气象预报为什么不准呢？大家常常会有这样的抱怨。其实，这能全怪气象部门吗？虽然现代气象预报技术已经很先进了，但是天气实在复杂多变，使得预报很难准确。

最初，气象部门的预报都是定性预报，比如降水预报只有两种结果：有雨（概率为100%）和无雨（概率为0），这大大降低了天气预报的准确性。因此，到了20世纪60年代，天气概率预报应运而生。它是利用现代技术，用百分率表述未来出现降水的可能性的一种天气预报方法。我国从1995年开始采用天气概率预报。比如，降水概率小于或等于20%时，降水一般不会发生；概率为30%～50%时，降水有可能发生；概率为60%～70%时，降水发生的可能性较大；概率大于70%时，则有降水发生。讲到降水，这里又有个降水量的概念。气象部门把下雨、下雪都叫作降水，下面主要指下雨。降水的多少叫降水量，表示降水量的单位通常为毫米。1毫米的降水量是指单位面积上水深为1毫米。那么，1毫米降水量有多少呢？以1亩地为例，1毫米降水量就等于每亩地里增加了0.667立方米水，而每立方米水为1000千克，所以1毫米降水量也就等于向每亩地里浇了667千克水。

如果今天的降水概率是70%，那么这意味着什么呢？有人说今天70%的时间下雨，也有人说今天这个地方70%的区域下雨。其实这两种说法都不对，预报某地降水概率为70%就是指这个地方有七成的机会下雨，但也许只是该地的某一区域下了雨，也许只下了10分钟的雨。知道了天气概率预报之后，大家对于可能下雨的天气就有应对措施来减少生活上的不便。如果你觉得淋点儿雨无所谓，带雨具反而麻烦，那么在降水概率为70%~80%时不一定要带雨具。可是对年纪较大和怕淋雨的人来说，即使降水概率只有30%~40%，都必须准备雨具。

天气概率预报的优点是量化降水发生的不确定性，比较客观地反映天气变化的真实情况，使预报更科学，内容更丰富，也更具有参考价值。人们可以根据降水概率的不同等级，考虑降水出现的可能性，采取不同的预防措施。

从高维思考问题

早上出门，一路上堵得厉害，每个红灯都要等很久。

东来说："要是没有红灯就好了。"

如果大家都往同一个方向行驶（如从南向北），那么就可以不要红灯。如果还有往其他方向行驶的车辆（如从东向西），不设置红绿灯，就很容易引发交通事故，车辆会相撞。我们可以从数学角度来思考。就像平面上的直线不平行就会相交，两条路相交，有了交叉点，就需要在交叉点设置红绿灯，避免车辆相撞。

东来问："有没有办法减少交叉点呢？"

当然有。我们生活在三维空间中，而不是平面上。因此，通过建造高架桥（见下图）或者挖地下隧道可以减少道路相交。这就是说，在空间中两条直线既不平行也不相交，它们根本不在同一平面上。红绿灯的作用就是让某一方暂停，而让另一方通行，这在计算机中叫串行。而建造高架桥之后，则不需要红绿灯，多方的车辆可以同时通行，这在计算机中叫并行。由于各方运行不受影响，所以并行的效率更高。有一个成语叫并行不悖，说的就是这个意思。你学过小古文《截竿入城》吗？

　　鲁有执长竿入城门者，初竖执之，不可入；横执之，亦不可入。计无所出。俄有老父至，曰："吾非圣人，但见事多矣！何不以锯中截而入？"遂依而截之。

　　东来又问："记得这个笑话，但它和堵车有什么关系呢？"

　　在《截竿入城》中，那个人为什么进不去呢？

　　东来说："竹竿太长，而城门的宽度和高度有限。其实，他可以将竹竿斜着试试对角线方向。"

　　的确，对角线方向是要长一些。但事实上，没有人会那么做。假设把城门当成一个平面，那么就可以把竹竿看成一条垂直于这个平面的直线。这样，不管竹竿有多长，都能够通过城门。

平面上的难题，从三维空间的角度来看，也许就不算是难题了。这启发我们，当遇到困难时，能不能跳出当前局限，从更高维度来思考问题呢？

统计结果再思考

第二次世界大战后期，美军对德国和日本法西斯展开了大规模战略轰炸，每天都有成百上千架轰炸机呼啸而去，返回时往往损失惨重。美国空军对此十分头疼。如果要减少损失，就要往飞机上焊接防弹钢板；但如果整个飞机都焊上钢板，速度、航程、载弹量等都要受影响。

怎么办？空军请来数学家亚伯拉罕·沃尔德。沃尔德的方法十分简单。他把统计表发给地勤技师，让他们把飞机上弹洞的位置报上来，然后自己铺开一张大白纸，画出飞机的轮廓，再把那些弹洞一个个画上去。画完之后，大家一看，飞机浑身上下都是弹洞，只有飞行员座舱和尾翼两个地方几乎是空白。

是不是空白的地方不需要焊接钢板呢？看起来好像是这样。但你不觉得这很反常吗？难道炮弹打不中座舱和尾翼吗？

沃尔德告诉大家，用数学家的眼光来看，这张图明显不符合概率分布的规律，而明显违反规律的地方往往就是问题的关键。飞行员们一看就明白了：如果座舱中弹，飞行员就完了；尾翼中弹，飞机失去平衡就要坠落。这两处中弹，轰炸机基本上就回不来了，难怪统计数据是一片空白。因此，结论很简单，要优先给这两个部位焊上钢板。

由一则短信想到的

　　新年到了，小明的爸爸收到了这样一则短信："请将8个这样的符号'￥'转发给你的8位好友，来年你会财源滚滚，否则会霉运当头。赶紧发吧。"小明感到很纳闷，难道发8次这样的短信，明年真的就会发财吗？

其实，我们只要理性地思考一番，就知道这是不可能的。但还是有不少人相信这样的短信，互相发送，可就不见有谁中大奖、发大财。在这样的短信互发中，到底浪费了多少钱呢？我们不妨算一算。

假设我将这则短信发给8位好友，按照一条短信0.1元计算，我将花费0.8元。接下来进行第二轮转发，我的8位好友又会将这则短信陆续发给他们各自的好友，共花费$0.8 \times 8 = 6.4$（元）。在第三轮中，我的好友的好友总共有64位，他们又会陆续将这则短信发给他们的好友。这64位好友又会花费$0.8 \times (8 \times 8) = 51.2$（元）。如果这样的短信发送再进行4轮的话，每一轮的花费如下：第四轮，$0.8 \times (8 \times 8 \times 8) = 409.6$（元）；第五轮，$0.8 \times (8 \times 8 \times 8 \times 8) = 3276.8$（元）；第六轮，$0.8 \times (8 \times 8 \times 8 \times 8 \times 8) = 26214.4$（元）；第七轮，$0.8 \times (8 \times 8 \times 8 \times 8 \times 8 \times 8) = 209715.2$（元）。可以看出，经过7轮之后总约花费为$0.8 + 6.4 + 51.2 + 409.6 + 3276.8 + 26214.4 + 209715.2 = 239674.4$（元）。

由此可见，为了一个永远不可能实现的发财梦，白白浪费了239674.4元钱。如果我们能用这些钱来支持公益事业，那该多好啊！

比如，捐资人民币20万元以上，可新建一所希望小学；捐资10万元，可改建、扩建一所希望小学；在"一帮一"结对捐助活动中，如果每个小学生每年接受400元捐助，这些钱可以资助约599个贫困小学生；5元可以捐植一棵树，这些钱可以捐植约47935棵树；200元捐植一亩林，这些钱可以捐植约1198亩林。

　　将这些钱用在这些公益事业上，才花得其所、价有所值，才能为社会创造出无尽的财富，实现真正意义上的财源滚滚。

自相矛盾的现实版本

一位语文老师在教《自相矛盾》这则寓言（见下图）时，有同学站起来反驳道："有这么傻的人吗？太不可信了。"

古代有一个人，拿自制的矛和盾到集市上去卖。

他先拿起矛吹嘘道："我的矛最好了！什么盾都可以被它刺透！"

然后，他又拿起盾说："我的盾最好了，什么矛也刺不破！"

有人问他："用你的矛刺你的盾，如何？"卖矛和盾的人低下了头，答不上来。

对于这个"自相矛盾"的问题，我们先来看看生活中的一段对话。

商家："先生，要手机吗？最新款的智能手机，才300元，绝对超值！"

顾客："看起来还不错，但不知道能用多久，会不会用一下子就坏了呢？"

商家："怎么会，我在这里卖手机已经三年了，出问题随时可以来退换。"

顾客："这么好啊，我下次来买，现在赶时间。"

商家："何必下次呢？别走啊，下次你到哪儿找我去！"

寓言大多是为了表达某个观点而虚构的故事，比如《刻舟求剑》《南辕北辙》《掩耳盗铃》等。但虚构的故事反映了社会现实。这个卖手机的人与那个卖矛和盾的人在本质上有什么区别呢？

没区别。自相矛盾的本质是先给出命题 A，然后给出非 A，二者不相容，至于 A 是什么，不重要。

但问题是对于同样的道理，采用不同的叙述方式，结果可能大不相同。有的同学能够接受这个卖手机的故事，却不能接受卖矛和盾的故事。

以前有一句人们都熟悉的广告词："今年过节不收礼，收礼只收脑白金。"前半句中的"不收礼"与后半句中的"收礼"就是典型的自相矛盾。

岂不是白送

随着药品定价制度的规范，药品的价格必定会大幅度下降。某网站曾刊发一篇题为《药品降价风刮到海口医院 便宜一倍多》的文章。请仔细揣摩这个标题，便宜一倍多岂不是白送？为什么呢？

其中的道理十分简单。在《现代汉语词典》中，"倍"的意思是跟原数相同的数，某数的几倍就是用几乘某数。比方说，某品牌篮球标价100元，它的2倍就是200元，它的3倍就是300元。当然，它的1倍就是100元。这样的话，便宜1倍就是减去同样的价钱。如果这个篮球标价100元，便宜1倍就是减去100元，相当于白送。"便宜一倍多"甚至可以理解成不仅白送，还要倒贴钱。

在通常情况下，物品便宜处理的幅度是不可能达到1倍的，也就是说只能小于1倍，比如可以便宜 $\frac{1}{2}$、$\frac{1}{4}$ 或 $\frac{1}{10}$。我们还以这个篮球为例，如果它便宜了 $\frac{1}{2}$，则相当于便宜了50元，即100÷2=50（元）。同样的道理，便宜$\frac{1}{4}$相当于便宜了25元，即100÷4=25（元）；便宜$\frac{1}{10}$相当于便宜了10元，即100÷10=10（元）。

换一个角度继续思考，如果这个篮球以200元的价格出售，那么这个篮球的价格提高了100元，即提价1倍；如果这个篮球以300元的价格出售，那么这个篮球的价格提高了200元，即提价2倍。可以看出，便宜的幅度不可以超出1倍，而提价的幅度可以超出1倍。

其实，表达降价或提价和原价格的关系时一般不用倍数，而是用百分数。这则新闻中还有一句话是"医院有7种药品降价后与以前相比降低了100%以上，最高的降低了54%"。这也是错误的，至于原因，你知道吗？

平均分中的奥秘

　　同学们平时在看电视上的某些比赛时有没有注意到，评委在亮出评分后，主持人通常都会说"去掉一个最高分和一个最低分"，然后通报几号选手的最后得分是多少？按理说，只要将所有评委打的分数加起来，再除以评委的人数，算出这位选手的平均分就行了。为什么都要先去掉最高分和最低分，再来计算平均分呢？我们可以通过一个极端的例子来说明其中的原因。如果一个班级有30个学生，其中两个学生的数学考试分别得了2分和10分。此外，有5个学生得90分，22个得80分，1个得78分。该班的数学成绩的平均分是（2+10+5×90+22×80+78）÷30≈76.67（分）。如果以76.67分作为该班的平均分，那么该班的成绩就太受那两个得2分和10分的学生牵连了，结果不能反映大多数学生的真实情况。从直观上看，平均分应为80分或80分以上才对。但是，用这种去掉最高分或最低分的办法计算全班的平均成绩时未免有"弄虚作假"之嫌。明明是本班的学生，其成绩为何不计入总分呢？所以，去掉最高分或最低分的方法不见得都合适。

　　由于异常值的影响，上述的平均分往往不能反映中等水平，因此人们一般以为的平均数就是平均水平乃是误解。在上述30个学生的数学成绩中，平均分约为76.67分。某学生得78分，超过平均数，似乎该是"中上等"水平了，其实他是倒数第三。因此，在许多比赛中去掉一个最高分和一个最低分，然后计算选手的平均分，其原因就是评委在评分时可能出现异常值——由于评委个人的观点所产生的过高与过低的分数。如果按照惯例来计算选手的平均分，就有可能出现上述的异常情况。所以，为了避免这种情况，保证比赛公平公正，通常都把这种过高和过低的异常值去掉（去掉一个或几个），再计算平均分，这样反而更接近选手的真实水平。当然，我们还要清楚地认识到，从数学上讲，数据越多，提供的信息就越多。总的来说，数据多就比数据少要好。如果数据都是平等的，去掉反而就不好了，不过我们事先并不知道数据是否都能客观地反映实际情况，所以"去掉一个最高分和一个最低分"的做法是为了尽量避免出现"问题数据"，但并不是说这一定比"不去掉"要好。在用一个数作为代表数时，除了平均数之外，还有其他方法，同学们以后学到更多的知识时就会明白。

为什么没有3元人民币

网络上有文章专门分析这一问题，它说货币面值是依据数学的组合原理设计的，而从1到10这10个数字有"重要数"和"非重要数"之分，其中1、2、5、10就是"重要数"，用这几个数能以最少的加减运算得到另外一些数，如1+2=3，2+2=4，1+5=6，2+5=7，10-2=8，10-1=9，所得到的这些数就是"非重要数"。如果将4个"重要数"中的任意一个用"非重要数"代替，就会发现有的数要相加或相减两次才能得到，比较烦琐。

这段分析其实经不起推敲。假设用1、3、5代替1、2、5，会出现什么情况？真的更麻烦吗？此处不考虑10，因为10、20、50可以看作1、2、5的10倍。

用1、2、5表示1~9，最少需要17张人民币。表示1需要1张，表示2需要1张，表示3需要2张，表示4需要2张，表示5需要1张，表示6需要2张，表示7需要2张，表示8需要3张，表示9需要3张。

用1、3、5表示1~9，同样最少需要17张人民币。表示1需要1张，表示2需要2张，表示3需要1张，表示4需要2张，表示5需要1张，表示6需要2张，表示7需要3张，表示8需要2张，表示9需要3张。

以上只考虑加法，如果加上10，并考虑减法，3也不比2差。请看，$2=1+1$，$4=3+1$，$6=5+1$，$7=10-3$，$8=5+3$，$9=10-1$，所以认为没有3元、3角、3分这些币值是因为2比3重要的说法是站不住脚的。

在1、2、5中，1是最基本的数，如果没有1，就难以谈其他。至于5，从数学上讲，它不如1重要，只是人的手指有10个，人们习惯用十进制，所以5相对重要。至于2，实在看不出它哪里比3重要。

过去，在中国和其他一些国家也都使用3元、3角、3分这些币值。中国第二套人民币中有3元币值，后来被取消了，其中是有历史原因的。

1999年10月1日，根据中华人民共和国国务院令第268号，中国人民银行发行第五套人民币。第五套人民币共有8种币值：100元、50元、20元、10元、5元、1元、5角、1角。第五套人民币根据市场流通中低币值主币实际承担大量找零角色的状况，增加了20元币值，取消了2元币值，使币值结构更加合理。

币值结构的调整，一方面说明了2元币值并不是那么重要，另一方面说明了单纯的组合原理分析过于理论化和理想化，实践产生的大数据才是最后的决策依据。

杯水车"新"

如今人们的生活水平大大提高，许多人家都拥有了私家车，人们免不了经常清洗自己的爱车。细心的你可能看过洗车的过程，不管是洗车房自动洗车还是人工用高压水枪洗车，整个洗车过程都是先喷洗车身，再从车头、车窗洗到底盘、轮胎。只要水龙头一开，自来水就会喷涌而出。不管哪一种洗车方式都会使用大量的自来水。大家有没有想一个问题：一年洗车要用掉多少水？

这里以南京为例。为了方便计算，可以做以下三个假设：一是不管是大车还是小车，清洗一次需要150升水；二是南京市有机动车300万辆；三是每辆车平均每年洗6次。这样就可以估算出南京市一年洗车大约需要耗费多少自来水。$150 \times 6 \times 3000000 = 2700000000$（升），也就是需要27亿升水。

27亿升水有多少呢？你可能无法想象，需要有一个参考量。南京市玄武湖的蓄水量大约是600万吨，600万吨

相当于多少升呢？我们知道，1升水是1千克，那么27亿
升水就是27亿千克，27亿千克=270万吨。对比270万吨和
600万吨，利用分数的知识可知270万吨大约为半个玄武湖

的蓄水量。于是，我们可以这样表述，每年南京市洗车大约用掉半个玄武湖的水。是不是就有了直观的感受？

上面算的只是南京市，江苏省乃至全国呢？不算不知道，一算吓一跳，这得浪费多少水呀！有没有一种洗车方法，只用一杯水就能让车辆焕然一新呢？期待同学们发明新的洗车方法。

高跟鞋之美

当爱神维纳斯的塑像置于人们的眼前时，大家无不为其魅力所倾倒，她的美妙身材就是黄金比的完美体现。

对于人体来说，肚脐是理想的黄金分割点。也就是说，下半身与身高的比值越接近0.618，越给人一种美的感觉。很可惜，一般人的下半身与身高之比都小于此数值，大约只有0.58~0.60（腿长的人会有较大的比值）。那么，一个身高为160厘米的女孩要穿多高的高跟鞋才能弥补身材的不足，达到理想的黄金比呢？

假设某女孩的下半身与身高的比例为0.60，穿上高度为x厘米的高跟鞋后，达到美的标准，即现在其下半身与身高的比是0.618。根据这个等量关系，可以列出以下方程：

$$(160 \times 0.6 + x) \div (160 + x) = 0.618$$

解得$x \approx 7.54$。也就是说，这个女孩要穿上7.54厘米的高跟鞋才能达到最佳比例。这就是人们要穿增高鞋、高跟鞋的原因。不过，对于正在发育成长的女孩来说，还是不穿高跟鞋为好，以免妨碍身高的正常增长，而应该抓住生长发育期，多运动，多吃水果，多喝水，少吃垃圾食品，保证每天睡眠充足才是上策。

排队的学问

逛超市时，你一定遇到过这样的情景：等待结账的人排起的长队像几条长龙弯弯曲曲，或许要等上半小时才能结账，让人一看就心生余悸，购物的欲望顿然消失，只想着赶快跑出去。从顾客的角度说，谁都不愿意排队，最好随到随结账，但是商家不愿意了，这需要很多柜台，成本太高了！从商家的角度看，最好只开一个柜台，这样成本最低，但是顾客无法接受，谁有那么多时间去排队呢？另外，柜员也会累得受不了。这样就需要通过折中的方法，确定需要多少个柜台才能既让顾客不排太久的队，又使商家可以接受成本。

数学家们对此欣喜若狂，他们要研究哪种排队方式最合理，超市设置多少个柜台最合理。这类问题被称为排队论。排队论的应用十分广泛，你千万不要认为只有排着长队的地方才用得上排队论！比如，一条线路要安排多少辆公交车，电话公司要安排多少个接电话的客服人员，医院要安排多少张病床……很多实际问题都要用到排队论。我们甚至可以说，排队论适用于一切服务系统，尤其是通信系统、交通系统、计算机存储系统、生产管理系统等。这种排队形式被称为无形的排队。比如，由于上网人数多，网速大大减慢，这也是因为大家在"排队"。

评价一个排队系统的好坏要以顾客与服务机构两方面的利益为标准，既要满足顾客的需要，又要使服务机构的费用最低或某些指标最优。对顾客来说，他们总希望等待或逗留的时间越短越好，从而希望服务台的个数尽可能多些。但是，对服务机构来说，增加服务台的个数就意味着增加投资，增加多了会造成浪费，增加少了会引起顾客的抱怨甚至失去顾客。那么，增加多少比较好呢？顾客与服务机构为了自己的利益对排队系统中的队长、等待时间、服务台的忙期这三个指标都很关心。因此，这三个指标也就成了排队论的主要研究内容。

　　类似的情况还有在雨季监测城市的水位线，预测未来的降雨量，以此决定是否开展排水工作。

揭秘跳水的动作代码

你喜欢跳水这项运动吗？我们在观看跳水比赛的时候，经常会看到诸如107B这样的动作代码。懂得这些代码的意思的人在观看跳水比赛的时候就能预先知道运动员要做的动作。你知道吗？再复杂的跳水动作都是由起跳、空中动作和入水三部分组成的。运动员的入水动作一样，所不同的仅仅是6种不同的起跳动作和3种不同的空中动作。让人眼花缭乱的感受只是人体围着横轴（左右轴）和竖轴（上下轴）以不同的角度翻腾和转体的结果。任何一种跳水动作都可以用数字和字母表示，这个数字和字母的组合也就是这个跳水动作的专用代码。

这些代码由三位数或四位数加一个字母组成。没有转体动作的起跳所完成的跳水动作用三位数字加一个字母表示，有转体动作的起跳所完成的跳水动作用四位数字加一个字母表示。换句话说，三位数的代码表示这个跳水动作的起跳没有转体动作，四位数的代码表示这个跳水动作的起跳加了转体动作。

跳水比赛的第一个数字表示起跳动作，共有6种，分别用6个不同的数字作为代码，其中1表示面向水面向前跳，2表示背对水面向后跳，3表示反身跳（面对水面后空翻），4表示向内跳（背对水面前空翻），5表示转体跳（以身体为轴旋转），6表示臂立跳水（倒立跳）。第二个数字表示是否飞身，其中0表示没有飞身，1表示有飞身（意思是跳出跳台/跳板2米外）。第三个数字表示旋转的周数，数字为几就表示半周（180°）的几倍，如数字2表示1周，数字3表示一周半，以此类推。最后一个字母表示身体姿势，其中A表示身体挺直，B表示屈体（腿绷直，头贴紧膝盖），C表示抱膝（团身姿势），D表示自由（自主摆姿势）。

这时，我们再看看下面这些代码的意思。

107B表示向前屈体翻腾3周半。

205B表示向后翻腾两周半屈体。

5253B这个代码为四位数，表示有转体，即转体跳（5）向后（2）翻腾两周半（5）转体一周半（3）屈体（B）。

你学会了吗？

在香蕉中遇见数学

你吃过香蕉吗？香蕉谁没有吃过！那么，在吃香蕉的过程中，你有没有发现一种神奇的现象。任意切开一段香蕉，我们可以发现它是由三部分组成的，这三部分会形成三个角。你瞧，这三个角的大小差不多。在数学中，我们把三条交线在交点形成相同角（或者相近角）的现象称为三重联结。

自然界中存在很多三重联结现象，最著名的要数位于英国北爱尔兰安特里姆郡西北海岸的巨人之路了。它由近4万根黑色实心石柱组成，其中大部分为六边形。这些石柱紧密地排列在一起，层层叠叠，井然有序，仿佛是一条巨人行走的道路，在蔚蓝色大海的衬托下显得异常壮观。生活中也不乏三重联结的例子，如孩子玩的肥皂泡。

三重联结有哪些作用呢？让我们以蜂巢为例来说明。这种形状的蜂巢是最经济的，因为在相同条件下，这种形状的蜂巢的容积最大。人们正是从蜂巢中得到启发，建立

　　了蜂窝式无线电通信网络。这种网络所覆盖区域的有效面积最大，在节省投资的同时又获得了理想的效果。其实，在工程设计和建筑设计中，为了充分利用材料，增加强度，减轻质量，经常采用这种蜂窝式结构。

　　你还在什么地方见到了三重联结？

用眼睛测距

李幼斌主演的《亮剑》是近些年来得到大家认可的军旅题材电视剧之一，他将剧中的主角李云龙"狭路相逢勇者胜"的亮剑精神诠释得淋漓尽致。

剧中有一段剧情是讲李云龙执行完阻击任务后率部突围。为了能够一炮炸掉敌方的指挥所，炮手柱子必须测量所用迫击炮到敌方指挥所的准确距离。在交战的情况下，柱子不可能用尺子进行测量。怎么办？炮手自然有自己独特的方法，柱子采用了跳眼法。这种方法很简单，大家也可以学会。第一步，先选好要测量的物体（最好不超过1000米，否则误差较大）。第二步，向前伸直右臂，竖起右手拇指，闭左眼，使得右眼的视线沿拇指顶端对准目标上的某一个点。第三步，头和手保持不动，闭右眼，使左眼的视线通过右手拇指的顶端对准目标上的另一个点。第四步，目测这两个点之间的实际距离，再乘以10，即为迫击炮到目标的距离。

柱子熟练地运用跳眼法，成功地炸掉了敌方的指挥所，使李云龙得以率部从正面突围。显然，跳眼法在此役中立下了汗马功劳。同学们不妨也用跳眼法测量一下距离，看谁测量得更准确。

剪纸与图案设计

剪纸是中国传统民间艺术之一，千百年来流行全国，名扬海外。逢年过节，可以在很多人家的门楣、窗户、衣柜等上看到漂亮的剪纸。

要想剪出各式各样的图案，那可不是一件容易的事。下面介绍两种较为简单的剪纸。

十六边形

如右图所示，在一张纸上画一个圆，并用剪刀将其剪下来，然后对折两次。纸不能太厚，圆的半径不能太小，以便对折。

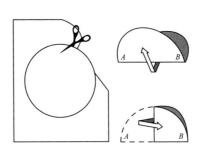

如下图所示，进行第三次对折。设 EF 垂直于 CD，并沿 EF 折叠一次，然后将其展开。

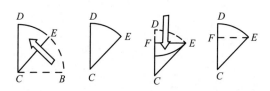

如下图所示，继续折叠，得到折痕DG，然后沿折痕GHD将纸片剪开。

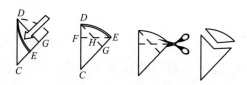

如下图所示，展开剪下的纸片，得到一个十六边形。

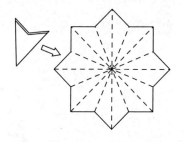

正六角星

在一张纸上画一个圆，用剪刀将其剪下来，然后对折两次。

如下图所示，再折叠一次，使得圆心C与圆周上的点F重合，得到折痕BE。展开后，再沿CF折叠。

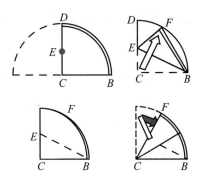

如下图所示，做一次对折，将四分之一圆折成 3 等份。沿折痕 *BE* 剪开。

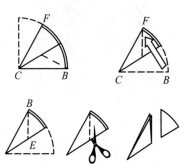

如下图所示，展开纸张，可得到一个正六角星。

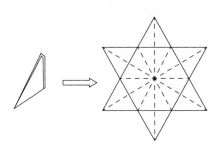

单独看这样的图形，可能也只有这么好看，但将多个图形拼在一起，效果可就大不一样了。我们也可以用纸和笔画图，最好利用计算机一下子生成很多一模一样的图形，并组合成新的图案（见下面的两个图）。新的图案是不是似曾相识呢？确实，生活中有些地板、毛毯的图案就是这样设计的。

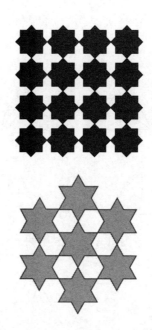

补充：在折正六角星的时候，需要将四分之一圆折成3等份，也就是每一个扇形所对的角是30°。这是为什么呢？

证明：如下图所示，已知点O和C关于AB对称，则$2OD=$

$OC=OA$，所以在直角三角形OAD中，$\angle OAD=30°$。因此，$\angle EOC=30°$。

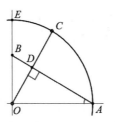

用数学眼光看停车新规

有段时间，某地实行停车新规：核心区干道停车费涨至20元/时。在这些地方停车一天的最高费用达240元。在景区、医院等车流量较大的地方，节假日交通拥堵时，停车费还可能上浮15%~50%。有市民表示违规停车一次罚款50元，贴单一次也才罚款100元，而沿街停车一天就得交200多元，这不是鼓励大家违规停车吗？

为什么大家宁可吃罚单，也不愿交停车费呢？从数学的角度能看出其中的端倪。如果老实人遵纪守法，按照规定停车花费了240元，而另一个人乱停乱放，就算被开了罚单，罚款也要比240元少，那么以后会有更多的人乱停乱放。

有些人存在侥幸心理，而从数学角度看，这就是一个概率问题了。如果乱停两次，才被罚款一次，这样相当于一次罚款50元。相对于240元而言，50元就更少了。

古代有个"送子神医"，他会开一包宣称能生下男孩的药给孕妇，并承诺如果孕妇将来生的是女孩，他保证退款，而且倒贴一半的药费。因为他敢于赔款，生意非常火爆。这其实就是一个概率问题。假设药费是100元，由于生男生女各有一半的可能性，所以孕妇生男孩时医生挣100元，孕妇生女孩时医生退回100元，并赔款50元。这相当于孕妇每生一个孩子，医生就有可能赚到25元（这里未考虑药的成本），即（100-50）÷2=25（元）。

上面从数学的角度对停车问题做了一些分析，我们也应该看到该地出台停车新规的目的是鼓励人们采用公共交通方式出行。

如何还钱

一个人在武汉市的银行存钱，他当然可以从北京市的银行取钱。这样能够避免将大量的现金"搬来搬去"，减少事故的发生。怎么才能减少接触大量现金呢？其实，这里面也是有学问的，比如下面这个例子。

甲、乙、丙、丁4个人是好朋友。乙向丙借20元，而丙自己也要花钱，就向丁借了30元。而在此之前，甲曾经向乙借过10元，丁向甲借过40元。有一天，4个人聚会，想把欠款结清。请问：如何做才能动用最少的现金来解决这个问题？

如果按照顺序还钱，乙还给丙20元，丙还给丁30元，丁还给甲40元，甲还给乙10元，那么就要动用100元。

如果4个人都不急于掏钱，而是先把他们之间的债务关系弄清楚，那么还钱就会变得简单。把4个人看成一个整体，那么这4个人该进账的总钱数应当等于他们所欠的总钱数。

具体而言，甲要出10元，进40元，实际进账30元；乙要出20元，进10元，实际出10元；丙要出30元，进20元，实际出10元；丁要出40元，进30元，实际出10元。分析之后发现，只要乙、丙、丁各付10元给甲就可以了。这样只动用30元。

也许有人认为，直接还钱，钱在4个人手上转一圈，很快就结清了，也不麻烦。确实，钱少的情况下是可以这样操作的，但有时牵涉大量资金就不方便了。比如，煤矿供煤给钢厂，钢厂提供钢材给建筑公司，建筑公司给煤矿修楼房。三者之间的每一笔账目都可能以百万元计，那么动用现金肯定很不方便，通过银行走账也需要支付高额的手续费。这时只要3家单位的有关人员坐下来稍微分析一下，就可以减少不必要的资金流动。

下面这道题也来源于生活，说的是甲、乙、丙、丁4个人去餐馆吃饭。说好餐费均摊，结果甲忘了带钱包，所以饭钱由其他3个人垫付。第二次聚会时，甲提出要还钱，乙说："不用了，我还欠你4元，正好抵了。"丙说："把我的那份给丁吧，我还欠他9元。"于是，甲只付钱给丁，共31元。那么上次吃饭，乙、丙、丁各付了多少钱？

解题的关键在于上次吃饭时每个人应该出多少钱。甲看起来只付了31元，但抵了4元钱的账，所以上次吃饭时甲应该出35元。

乙比该出的多出了4元钱，实际付账39元。

丙比该出的多出了9元钱，实际付账44元。

丁收到31元，但这当中包括了以前9元的账，相当于丁只比该出的多出了22元，所以丁实际付账57元。

肯定有人会有这样的疑问：让甲分别付钱给乙、丙、丁不就行了，为什么要绕来绕去？而当想清楚这个题目之后，我们就会发现这样付账最好，动用最少的钱解决了所有的财务问题。

其实，对于许多问题，先不要急于动手，而是分析其中的关系，这样才能做到"运筹帷幄之中，决胜千里之外"。运筹学对如何调度资源最省事有专门的研究。

从《开门大吉》看数学的局限性

有什么事情是数学无可奈何的呢？其实很多，否则世界上只要数学一门学科就行了。下面让你做一个选择。

选择1（稳赚型红包）：有100%的可能性获得1元。

选择2（运气型红包）：有50%的可能性获得2元，有50%的可能性获得0元。

懂点儿数学的人会知道，二者的期望值都是1元，选哪个都一样。此时改一下条件。

选择1（稳赚型红包）：有100%的可能性获得1亿元。

选择2（运气型红包）：有50%的可能性获得2亿元，有50%的可能性获得0元。

从数学上分析，二者的期望值都是1亿元，还是一样。但此时让人选，更多的人倾向于选择1。

这从数学上是无法解释的，只能从心理学、经济学等角度进行分析。1亿元对于普通人来说，一辈子都花不完，而一旦变为0元，那就像天塌了似的。

这样的选择在现实中可以找到原型。《开门大吉》是中央电视台的一档综艺节目，鼓励普通人通过游戏闯关的方式实现自己的家庭梦想。在最初的规则下，参赛选手面对 1~8 号 8 扇大门，依次按响门上的门铃，门铃会播放一段音乐，选手需正确回答这段音乐的出处，方可获得该扇门对应的家庭梦想基金。答对每一扇门的问题后，选手可以自由选择带着奖金离开比赛，或者继续挑战后面的问题以获得更多奖金。但是，一旦回答错误，奖金就将清零，选手也要离开比赛。在整个游戏过程中，选手有一次求助亲友团的机会。播放的音乐从常见到不常见，难度越来越大。每扇门对应的家庭梦想基金依次是 1000 元、2000 元、3000 元、5000 元、10000 元、15000 元、20000 元、30000 元。我们发现一些参赛者很轻松就拿到了 5000 元（或 10000 元），但此时他们选择见好就收，不愿继续挑战，哪怕他们连求助的机会都还没用。

经济学里对这种行为的解释是落袋为安，指对于象征性的、非确定性的或抽象的财富，人们的心理一般是只有把它变成现实的财富或货币，放进自己的口袋里（或者账户上），心里才安稳。这反映出人们对风险和事态的不确定性的心态。

如果从数学角度分析，应该这样做：参赛者事前多看看该节目，看看自己通过下一关的可能性有多大，此为模拟训练。正式比赛时，结合模拟训练的通过率与回报收益来决定是否继续闯关。

关于"优惠"的思考

随着智能手机的普及，电子支付的应用越来越广泛。很多人出门都不带钱包，只要有手机，就可以通过电子支付方式进行交易。

某电子支付品牌举办买水果优惠活动，买水果满6元减5元，也就是电子支付6元，确认付账之后，买家实际花费1元，另外5元由该品牌补贴，商家实得6元，但有一个条件，每部手机每天限用一次。把1元当6元使用，这样的促销非常有效，参加促销活动的水果摊生意火爆。而旁边的一个水果摊没有参加这项活动，门庭冷落。

过了几天，优惠条件变了，变成满22元减5元，也就是电子支付22元，确认付账之后，买家实际花费17元，另外5元由该品牌补贴，商家实得22元。这样一来，把17元当22元使用。

商家、买家、电子支付品牌三方的关系是合作互助，也存在博弈。该电子支付品牌改变了策略，商家和买家有何对策使得自身利益最大化呢？办法总是有的，生活中的数学远比课本上的数学复杂，绝不是直接代入公式那么简单。

去打印店打印，打印100张以下时每张收费0.1元，100张以上（含100张）时每张收费0.08元。如果你此时需要打印90张，那么需花费9元；如果你要求另外打印10张白纸，凑满100张，那么只需花8元就行了，还多得了10张白纸。

该品牌的电子支付规则有没有不完美的地方呢？如果买家还是买6元水果，用该品牌的平台电子支付22元，其中买家花费17元，该品牌付5元，商家实得22元。然后，商家返还买家16元现金。最后的结果是：买家用1元钱买6元钱水果，该品牌补贴5元，商家实得6元。其中的16元可认为是虚构出来的辅助工具，它的出现是为了使得不符合补贴条件的交易也能享受补贴。当然，我们并不鼓励这样的行为。

国王的新衣

　　从前，有个国王很喜欢新衣。有两个裁缝奉上了他们的杰作，这件新衣有一个非常神奇的功能，就是只有聪明人才能看见。后来，在国王穿这件新衣游行的时候，一个孩子喊道，这根本不是什么新衣服，国王什么都没有穿。

在故事中，除了那个孩子，国王、大臣、围观的百姓也没看到那件衣服，他们的判断和孩子一样，只是没有勇气说出来。

那么，能否就此判断这两个裁缝为骗子吗？

其实理由是不充分的。说能看见新衣的有两个人，人数虽少，但真理有时就掌握在少数人手里。我们不能因为很多人看不到新衣而断定这两个人是骗子。好比有人解决了哥德巴赫猜想这样的世界难题，而全世界只有极个别人才能看懂解答。我们也不能因为他们的人数少而予以否定。

我们提供一种思路，对两个裁缝做进一步的判断。

首先将两个裁缝隔开。我们随机从甲乙两人中选择一人，让裁缝A给他穿上新衣，接着让裁缝B来判断新衣穿在甲乙两人中谁的身上。如果新衣确实存在，两个裁缝确实也有制作、识别新衣的能力，那么判断新衣穿在谁的身上是一件非常简单的事情，根本不会出错。反之，裁缝B只能靠猜。从概率上来说，他有二分之一的可能性猜对。如果增加实验次数，比如做10次实验，完全猜对的可能性为 $\left(\dfrac{1}{2}\right)^{10}=\dfrac{1}{1024}<\dfrac{1}{1000}$，几乎接近0。所以，经过若干次实验，就能够判断裁缝B是靠猜还是真能识别，从而判定他们是不是骗子。

数学——治疗疯狂的清醒剂

2011年3月注定是悲惨的一个月，先有日本大地震，再有缅甸的7.2级地震。地震不仅造成了人员的重大伤亡和财产的巨大损失，而且引来了一系列"疯狂"行为。

疯狂一：超级能量

地震所释放能量的多少与震级有关，震级越高，释放的能量也就越多。科学研究发现，震级每提高一级，地震所释放的能量约是前一级的32倍。比如，6级地震所释放的能量相当于第二次世界大战期间美国投掷在日本广岛的那颗原子弹所具有的能量，日本的这次9.0级大地震所释放的能量大约是6级地震的32×32×32倍，即32768倍。

疯狂二：谣"盐"四起

因为担心自己吃的盐受到日本核辐射的影响，许多人都在疯狂地抢购食盐，殊不知这说明了大众缺乏科学常识。

我们吃的盐大都是井矿盐（比如江苏的淮盐）和湖盐，而海盐则主要用于工业。从出现谣言到全国各地都在"抢"盐，似乎是片刻之间的事情，谣言的传播速度为何如此之快呢？

谣言从第一个人口中传出，他告诉了第二个人，这时有两个人知道；这两个人又告诉了另外两个人，这时有4个人知道；这4个人又告诉了另外4个人，这时有8个人知道……如此继续传播，8→16→32→64→128→256→512→1024→2048→4096→8192→16384→32768→65536→131072→262144→524288→1048576→2097152→4194304→8388608→16777216→33554432→67108864→134217728，一共经过27次传播，知道的人就超过了1亿，这真是疯狂！如果一个人一次告诉两个人、3个人甚至更多的人，那么传播的速度会更快，会更疯狂。

疯狂三：纯属巧合

谣言不仅和盐有关，还和数字有关。互联网上曾流传着这样一道算式：2011＋3＋11＝2008＋5＋12，日本地震发生日期的三个数相加的结果，和中国汶川地震发生日期的三个数相加的结果竟然都等于2025。其实，这纯属巧合，就像2008年汶川地震时曾流传的谣言一样。请看：

2008年1月25日的严重雪灾，1+2+5=8；

2008年5月12日的汶川地震，5+1+2=8。

乍一看这两个日期似乎都与数字8有关，其实经不起科学推敲。雪灾持续了相当长的一段时间，而且1月25日既不是开端，也不是结束，更不是最严重的一天。

5月12日发生地震是不争的事实，但是发生地震的日期相加之和都是8吗？显然不是。通过查询资料，你会惊讶地发现，发生地震的日期相加之和等于8的情况有许多，但是发生地震的日期相加之和等于其他数的情况也不少，这其实就是数学中的概率事件。

地震会引发"疯狂"行为，我们需要拿起科学这个武器进行反击。数学被称为宇宙的语言，它能使你变得更加有智慧。留给大家一个问题：有人认为现在地震越来越频繁，地球是不是很不正常？你能用数学知识进行解释吗？

数学经纬

像华罗庚那样学习数学

华罗庚是世界一流的数学家，他的成就遍及数学的很多重要领域。他取得如此大的成就与他具有较强的逆向思维能力是分不开的。

华罗庚在思维活动中常常质疑，敢于对人们公认的事理和权威人物的高论持怀疑甚至批判态度，从不轻易盲从。比如，"月黑雁飞高，单于夜遁逃。欲将轻骑逐，大雪满弓刀"是唐朝卢纶的一首名诗，千百年来广为传诵，备受赞美。但华罗庚没有盲目称颂，而是透过卢纶描绘的夜色提出了疑问：北方下大雪时，怎得见雁飞？真可谓高明的逆向思维！

班门弄斧

华罗庚认为要想学到真功夫，就要同高手过招，提倡"弄斧必到班门"。我们写出自己认为得意的文章后很难看到不足，要想进步，就应该到高手面前比画比画。高手看后若能悉心指教，我们自然获益匪浅。有时，高手三言两语就能够指出关键错误。"弄斧"回来后，我们应认真回味高手的指点，水平往往能够迅速提高。但是，我们千万不能在行家面前卖弄本领，或者对别人的教导不屑一顾，这些都与华罗庚所倡导的求学境界相去千里。

眼高手低

"眼高"是指学习的眼界要高，要看得高，望得远，知识面要宽广，才能不囿于一时一地之见。解决具体问题时要"手低"，这里的"手低"不是传统意义上的"实际能力低下"，而是每一步都要脚踏实地，都要逻辑严密，一丝不苟，否则"眼高"也只是虚高。有人的眼界也"高"，却是高看自己，做事飘飘然，这些都不符合华罗庚强调的做学问要严谨、踏实。

由薄到厚，由厚到薄

华罗庚提倡读书要多做笔记，多做习题。通过多做笔记和多做习题，就把薄书读成了厚书，因为有了大量的训练，就会逐步对书中介绍的基本原理和论证核心产生深刻的理解，而努力把基本原理和论证核心提炼出来后，又会把厚书读成薄书。这个"由薄到厚，由厚到薄"的过程与王国维的"境界说"有异曲同工之妙。虽然这个过程是艰辛的，但如果没走过这条路，就很难取得成绩。

负数运算与六尺巷

清朝康熙年间，张英老家的人与邻居吴家在宅界问题上发生了争执。两家的宅地都是祖产，时间又久远。对于宅界，双方谁也不肯相让。双方将官司打到县衙，又因双方都是名门望族，县官也不敢轻易决断。于是，张家人千里传书到京城求助。张英收到信后批诗一首云：

一纸书来只为墙，让他三尺又何妨。长城万里今犹在，不见当年秦始皇。

张家人豁然开朗，退让了三尺。吴家人见状深受感动，也让出三尺，形成了一条六尺宽的巷子。

此事传为佳话，至今不绝，告诉我们做人做事要忍让包容。

张英官至文华殿大学士兼礼部尚书，级别非常高。和珅、李鸿章都曾任文华殿大学士。张英的儿子张廷玉更加著名，是康熙、雍正、乾隆三朝的重臣，是整个清朝唯一配享太庙的汉臣。

在数学上，A 和 B 原来挨在一起，A 向一方走了 3 尺，记为 +3，B 向相反的方向走了 3 尺，记为 −3，此时 A 和 B 相隔多远？ A 和 B 之间的距离为：

$$+3-(-3)=6（尺）$$

笛卡儿的梦

　　去一个地方，少不了的一样东西就是地图。有时有了一般的地图，我们还觉得不够。要是在地图上画上网格线，那么距离远近、相对位置就看得更清楚了。将一对数与平面上的点相对应的思想看似简单，却是数学史上的一个大的进展，从而进一步产生了笛卡儿坐标系，并催生了解析几何。

　　笛卡儿坐标系也称为平面直角坐标系，是最常用到的一种坐标系，笛卡儿在1637年发表的《方法论》的附录中提到了它。在平面上，选定两条互相垂直的直线为坐标轴，任一点距一条坐标轴的有限距离为另一条坐标轴上的坐标，这就是二维的笛卡儿坐标系。我们一般会选一条指向右方的水平线作为x轴，再选一条指向上方的垂直线作为y轴，这种设定方式称为右手坐标系。

　　相传笛卡儿创立坐标系还与蜘蛛有关。有一天，他躺在床上望着天花板，发现一只小小的蜘蛛从墙角慢慢地爬过来，吐丝结网，忙个不停。蜘蛛从东爬到西，从南爬到北。要结一张网，小蜘蛛该走多少路？笛卡儿突发奇想，算一算蜘蛛走过的路程。他先把蜘蛛看成一个点，那么这个点离墙角有多远？笛卡儿茅塞顿开，一种新的思想初露端倪：给定互相垂直的两条直线，一个点可以用到这两条直线的距离，也就是两个数来表示，于是这个点的位置就确定了。他用数形结合的方式将代数与几何联系起来了。

在2014年上半年发生的马航失联事件中，因为不知道飞机的失联位置，所以搜救人员在茫茫大海上难以寻觅它的踪影。如何确定海上的位置呢？我们知道有人找不到地方时，只需告诉他向前走多少米，见到某个路标后向右拐……在海上这样做可不行，你不知道走了多远，也没有路标。向前走多远，是相对于你目前的位置而言的。但每个人所处的位置都可能不一样，相对位置就不大可靠。这时需要一个绝对位置。平面上有直角坐标系，而地图上有经纬度。

经纬度是经度与纬度的合称，它们组成一个坐标系统，又称为地理坐标系统，是一种利用三维空间的球面来定义地球上的空间位置的坐标系统，能够表示地球上的任何一个位置。

追不上乌龟的阿喀琉斯

　　芝诺是古希腊著名的哲学家，这位学者对"诡辩"做过专门的研究，形成了自己独特的理解和观点，至今仍让人们在细心揣摩之余击节称奇、津津乐道。其中最著名的当数芝诺于公元前5世纪提出的一个名为"神龟赛跑"的悖论。

　　这个曾令时人困惑不解的悖论是这样叙述的：假定希腊神话中跑得最快的神阿喀琉斯每小时走10千米，乌龟每小时爬1千米。现在阿喀琉斯在乌龟后面10千米处追同时开始爬行的乌龟。1小时后，阿喀琉斯走了10千米，到达乌龟原来的位置A_1，而此时乌龟已爬到A_1前面1千米的A_2处。再过$\frac{1}{10}$小时后，阿喀琉斯追到A_2处，而此时乌龟又爬到A_2前面$\frac{1}{10}$千米的A_3处。再过$\frac{1}{100}$小时后，阿喀琉斯追到A_3处，而此时乌龟又爬到A_3前面$\frac{1}{100}$千米的A_4处。

也就是说，每次阿喀琉斯追到乌龟刚刚爬过的地方，乌龟都又向前爬了一段距离。简而言之，阿喀琉斯只能离乌龟越来越近，却永远追不上乌龟。显然，这个悖论违背了人们的生活常识，因为大家都知道阿喀琉斯一定能追上乌龟，但希腊人无法证明这个悖论错在何处。这就让人们陷入逻辑的困境中左右为难。

这个有趣的芝诺悖论在2000多年的时间里使数学家和哲学家伤透了脑筋。原因在于芝诺把阿喀琉斯追赶乌龟的路程任意分割成无穷多段，而且认为要走完这无穷段路程就非要无限长时间不可。事实上，即使按照他叙述的这种分段方法，追上乌龟的时间也是一个有限数 $1+\dfrac{1}{10}+\dfrac{1}{100}+\dfrac{1}{1000}+\cdots=1+0.1+0.01+0.001+\cdots=1.11\cdots=1.\dot{1}=\dfrac{10}{9}$（小时）。当然，这是在数学进一步发展后才找到的解决方案。所以，这个悖论不仅在当时引起了巨大的轰动，也让掌握了更多数学知识的现代人在啧啧称奇的同时认识到数学中"无限"与"有限"的深刻内涵。

智者的反驳

苏格拉底和伽利略都是历史上有名的智者，关于他们的逸闻趣事很多。下面介绍的两个精彩的小故事可以反映智者的相同点——严谨的思维和令人叫绝的说服力，或许其中还蕴含了科学精神。

苏格拉底是古希腊著名的哲学家，他独特的思维反诘术被称为"精神助产术"。

有一天，苏格拉底遇到一个名叫美诺的年轻人，少年得志的美诺正在和别人大谈"美德"如何如何。苏格拉底便谦虚地问道："我很惭愧地承认，对于美德简直什么也不知道，请你讲一讲什么是'美德'，好吗？"美诺傲慢地回答道："这么简单的问题你都不知道吗？告诉你吧，一个人不偷窃，不欺骗，这样的品德就是美德。"苏格拉底继续追问："你是说不偷窃就是美德吗？"美诺不假思索地说："那当然了！难道偷窃还能算美德？"

苏格拉底从容不迫地回答道："当年我曾在军队里当兵，

有一次奉指挥官的命令深夜潜入敌营，把他们的兵力部署图偷了出来。请问：这种行为算不算美德？"这种情况倒是美诺没有想到的，他犹豫了一会儿，仍然振振有词地说道："我刚才说的偷窃不是指偷敌人的东西，而是指偷朋友的东西。如果偷朋友的东西，那当然不是美德。"看起来这个论断是不可能被推翻的了。可是苏格拉底仍然胸有成竹，他说："有一次我的好朋友遇到挫折，对生活失去了信心。他买了把尖刀藏在枕下，准备在夜深人静时结束自己的生命。我得知此事，溜进他的卧室，把刀偷了出来，避免悲剧发生。那么，这种行为是不是美德呢？"

骄傲的美诺被问得无言以对，终于发现自己并未弄清什么是美德，反过来向苏格拉底请教，最后竟追随苏格拉底成为他的门生。怎么样，这是个出人意料的结局吧？

伽利略是文艺复兴时期意大利著名的天文学家和物理学家。他非常重视实验，曾在意大利的比萨斜塔上做了有名的自由落体实验，以反驳古希腊学者亚里士多德的论断"物体愈重，落得愈快"。他让两个分别重1磅（1磅≈0.4536千克）和10磅的铁球从塔上同时自由落下，在场的人亲眼看到它们是同时落到地面上的。

伽利略不但用实验说明亚里士多德的论断是错误的，而且用简单而又令人信服的逻辑推理明确指出亚里士多德的论断是错误的。

他是这样反驳的：假设有两个物体A、B，它们的质量分别是M_1、M_2（$M_1 < M_2$）。它们同时落下，某一时刻的速度分别是V_1、V_2。根据亚里士多德的论断，则$V_1 < V_2$。现在，我们再来考虑另一种情况，把A、B捆在一起，让它们自由落下。可以想象，落得快的往下拉落得慢的，落得慢的往上拉落得快的，结果它们的共同速度V将大于V_1，而小于V_2，即$V_1 < V < V_2$。从另一方面看，这两个物体被捆在一起以后构成了一个比B更重的物体。根据亚里士多德的论断，可以推出$V > V_2$。显然，这两个结论互相矛盾，这说明这个论断是错误的。

伽利略的反驳有理有据，不仅容易理解，而且可以用实验证明。

《格列佛游记》中的数学问题

　　《格列佛游记》由英国启蒙文学中杰出的讽刺作家斯威夫特（1667—1745）所著，它曾经轰动一时，让千千万万的小读者为之着迷。故事的主人公格列佛在小人国和大人国的奇遇更是让人浮想联翩，心驰神往。小读者们在充满想象力的情节中，跟着格列佛在光怪陆离的童话世界中畅游，不知不觉地产生心灵上的共鸣，当然会不由自主地迷恋上这瑰丽的"世外桃源"。尽管这是虚构的故事情节，但通过数学分析，我们可以发现作者严谨的写作态度。

　　下面我们就从这本书中的细节入手，用数学的眼光来重新审视这本令人着迷的书，再次感受其中的奇妙魅力。在此之前，先得介绍作品中小人国和大人国的有关比例。小人国中的人、畜、植物等一切事物的尺寸都只有我们现实世界的 $\frac{1}{12}$，而大人国则恰恰相反，是我们的 12 倍。

　　"我饱餐之后，用手势表示想喝点什么。小人国的人们敏捷地用绳索把最大的一木桶甜酒提到了我身体的高度，推着滚着送到我的手边，撬开了盖子。我一口气就给喝光了。他们又给我滚来了另一桶，我又一口气喝光，和方才一样。再向他们要时，酒已经没有了。"格列佛在另一处叙述中说："小人国的水桶不比我们缝衣用的顶针大。"难道他们的大木桶和水桶竟这样小吗？

如果小人国盛酒的大木桶和水桶的外形同我们日常用的一样（按圆柱形考虑），那么它们的高度和底面半径都只相当于现实世界中的 $\frac{1}{12}$。也就是说，它们的体积应是现实世界中的 $\frac{1}{12} \times \frac{1}{12} \times \frac{1}{12} = \frac{1}{1728}$。假定我们正常用的水桶能容纳60杯水，就可计算出小人国的水桶只能容纳正常的一杯水的 $\frac{60}{1728}$，约等于 $\frac{1}{30}$ 杯，这只比1茶匙的量略多一点。因此，小人国的水桶确实没超出一个大号顶针的大小。既然小人国水桶的容积相当于现实世界中的1茶匙，如果盛酒的大木桶的容积等于水桶容积的10倍，那么它的容积也就大约相当于我们正常的半杯。所以，小人国的这两大木桶酒没有满足格列佛的要求就不奇怪了。

在《格列佛游记》里，关于小人国的人们如何替他们的巨人客人准备寝具，有下列描述："人们用大车给我拉来了600床小人国用的褥子，于是裁缝师傅们就忙碌起来，他们把每150条褥子缝到一起，才做出长、宽都能让我睡得下的褥子。他们把4床这样缝起来的大褥子铺成4层，可是就是在这么4层厚的褥子上，我还像是躺在石头上面一样。"为什么格列佛睡在4层的褥子上还觉得硬呢？

这个问题你能解释吗？

曹操损兵知多少

同学们，你们看过名著《三国演义》吗？其中的赤壁之战脍炙人口。在此次战役中，曹操遭遇了他平生的第一次大败仗，83万大军所剩无几。

据书上的记载，曹操一路逃命，途中被赵云、张飞追杀了一阵子，溃不成军。曹操率残兵败将跌跌撞撞地走到了一个路口，此路口有两条岔道，小道泥泞难行，大路平坦好走。经观察，曹操发现小路上有数处烟雾升起，大路上很平静。曹操令众将士走小道。不走不知道，一走吓一跳。这条小道异常难走，曹军好不容易走过一段路，刚要喘口气，忽然一声炮响，500名士兵手握明晃晃的大刀，排列在路的两边。为首的大将是关羽，他手提青龙偃月刀，脚跨赤兔马，拦住了曹军的去路。曹军见了，吓得魂飞魄散。此时，曹操心生一计，他深知关羽讲义气，于是便说起自己当年是怎么对待他的。经曹操这么一说，关羽的心一软，便将曹操放了。曹操离开关羽后，回顾所带兵将，只有27骑。

其实诸葛亮当年早已算到这一步，他特意让关羽防守最后一道关卡。他知道关羽会讲义气放走曹操，他自己也愿意放曹操逃回北方，因为只有这样才好形成天下三分之势，从而让主公刘备稳坐一方。曹操落得如此下场，在古今中外实属少见。让我们算算曹操究竟损失了多少兵力。

曹操率83万大军南下，而最后只剩下27人，因此他损失的兵力为830000−27＝829973（人）。也就是说，曹军在赤壁之战中几乎全军覆没。

在《三国演义》中，当年号称83万的曹军实际上只有大约23万人。赤壁之战结束后，曹操还有几千兵力。假如当年曹操率领的大军以23万人计算，最后剩下的兵力算作5000人，你能算出曹军真正损失了多少兵力吗？因为这场战役，孙权的江东政权更加稳固，刘备占据了荆州的一部分地区，后来又取得了益州，而曹操继续稳坐江北，天下成三足鼎立之势。

注水与放水

　　某著名主持人曾在节目中说，他有一次梦到了数学考试，其中有这样一道题："水池有一个进水管，5小时可将水池注满，池底有一个出水管，8小时可以放完满池的水。如果同时打开进水管和出水管，那么多少小时可以把空池注满？"这到底是想注水还是想放水？

　　很多人有这样的疑惑。同时打开进水管和出水管，这是什么操作呢？其实生活中这样的例子还真不少。

　　先举灌水的例子。要将水池中的水输送到A田和B田，如果水池在两块田的中间（见下图），那么只要从水池中放水就好了。

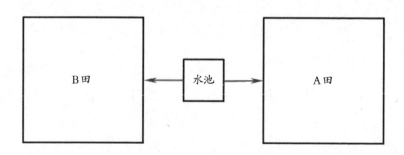

如果水池和B田中间隔着A田（见下图），那么水池就要放更多的水给A田，因为这些水不单供给A田，还要供给B田。这时，A田既进水又出水。

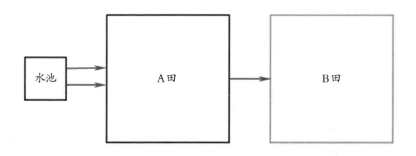

现实中的情形远比这复杂，有大大小小的水库、河流、水池、田地等，分布纵横杂乱，水的流进流出更是错综复杂，同时进水和出水，真的一点也不奇怪！

类似的例子很多。比如参观展览，早上一开门，很多人进去，相当于只开进水管。过了一段时间，动作快的人已经看完了，陆续离开，相当于既开进水管又开出水管，进水管的流量比出水管的流量大。展览馆里的人越来越多，这时问题就来了。展览馆里的人有进有出，多久之后人满呢？人满之后，就必须等里面的人出来，外面的人才能进去，这时看展览就要排队。如果你想知道大概需要排多久，除了要看你的前面有多少人，还要考虑一个人看展览要花多少时间。现在许多景点都有类似的提示，比如目前景区内有多少人，排队要等多久。

　　数学的一大特征就是它的高度抽象，而很多问题在生活中可以找到相关的例子，帮助我们理解。有了这些背景知识之后，我们就会明白数学真的很有用。

离不开数学的诺贝尔奖

"我所遗留的可变现的全部财产按以下方式处置：由我的遗嘱执行人投资于安全的证券业，建立一个基金，将它每年的利息作为奖金，奖励给那些在上一年度为人类带来巨大利益的人。利息平均分为5份，其分配方法如下：一份给在物理方面做出最重要发现或发明的人，一份给做出过最重要的化学发现或改进的人，一份给在生理学或医学领域做出过最重要发现的人，一份给在文学方面曾创作出有理想主义倾向的最杰出作品的人，一份给曾为促进国家之间的友好、废除或裁减常备军队以及为举行和平会议做出过最大贡献或最好工作的人。我的明确愿望是，在颁发这些奖金的时候，对于候选人的国籍丝毫不予考虑，不管他是不是斯堪的纳维亚人，只要他值得，就应该被授予奖金。"

当这份遗嘱在1895年被诺贝尔先生设立之时，没有人会想到它将对人类文明的进程产生深远的影响。如今，诺贝尔奖已成为科学界毫无争议的最高荣誉，它不仅是对物理、化学、生理学和医学等领域里最杰出的科学家个人成就的肯定，也已经成为衡量各个国家科学水平的一把标尺。

对于诺贝尔奖，最让人遗憾和费解的莫过于作为科学皇后的数学却不在诺贝尔奖的考虑范围之内。关于这个问题，答案有很多版本。不设立数学奖的真正原因其实就在诺贝尔的遗嘱中，诺贝尔在遗嘱中说得非常明白，诺贝尔奖应"奖励给那些在上一年度为人类带来巨大利益的人"。在诺贝尔看来，只有物理、化学、生理学、医学这些实用类的学科是研究客观事物的，有明确的可以观察的物质形态，由此做出的发明、发现和改进才能够给人类带来巨大的利益，而作为思维学科的数学并不能给人类带来直接的利益。凭借诺贝尔本人的数学水平，他根本无法理解数学在推动科学发展上所起到的巨大作用，因此他忽视了设立诺贝尔数学奖也不难理解。

进入20世纪之后，数学真正成为了科学研究的有力工具，在物理、化学、经济学、生理学、医学等领域都发挥了不可替代的作用，数学家也因此获得了这些领域中的"诺贝尔奖"。如今，各个学科都需要数学这个强有力的工具，数学已经渗透到各个学科之中了。

计算机正在改变数学

英国计算机专家阿列克谢·利什特沙和鲍里斯·科涅夫曾借助计算机破解了一道有80余年历史的数学难题——埃尔德什差异问题。现在，几乎没有哪位数学家能够想象世界可以离开计算机，计算机成为数学研究的工具已是大势所趋，不可阻挡。计算机在数学研究中发挥的作用越来越大，借助计算机解决数学问题将激励人们去寻求更好、更简单的方法，也加深了人们对数学本质的认识，还推动了以计算机为基础的人工智能的发展。毫无疑问，在计算机的助力下，今后人们会破解越来越多的数学难题。

数学和计算机都在以前所未有的速度发展着。计算机的出现改变了数学家的工作方式，提高了数学家的工作效率。数学家把大量重复性的机械劳动交给计算机去处理，自己就可以进行更抽象、更富有创新精神的思考。计算机计算的结果增强了数学家的预见能力，引导数学家发现有意义的问题和现象。

计算机的出现促使新的数学分支不断诞生，如计算数学、计算几何、计算机代数、机器证明、计算机作图、动态几何等。有些分支在学科分类上属于计算机科学，但其本质仍是数学。

计算机的出现改变了人们对数学的看法，数学实验和实验数学随之出现。人们用计算机做实验，发现了大量有趣的数学现象，如分形、混沌、分岔等。它们在过去是数学家看也看不到或者想也想不到的东西，这些东西曾使数学家大伤脑筋。有人惊呼，数学越来越像实验科学了。

计算机科学就好比数学的孩子。虽然这个孩子长大了，搬出去住了，但他的身上始终流淌着母亲的血液，仍然从母亲那里汲取营养。数学也并没有白养这个孩子。在计算机发展的过程中，数学也得到了发展。

计算机一直被认为是数学家最引以为豪的发明。既然现在最好的计算机可以在比赛中打败世界象棋冠军，那么未来的计算机也应该能够解出曾难倒了最伟大的数学家的数学难题。倘若真的有那么一天，母亲绝不会因为孩子的超越而郁闷，而是会为孩子的成就而感到由衷的高兴。

我们甚至可以设想，到了那一天，每一位数学家都是计算机高手，而机器证明和人工证明也可以很好地相互转化。当数学家向杂志社投稿时，审稿人会问："你的证明经过计算机验证了吗？"

计算机的发明是为计算而来的。不管计算机将来如何发展，如何智能化，高超的计算能力始终是计算机的根本功能。

为计算而发明的计算机能够证明几何定理吗？答案是肯定的。在用机器证明的数学定理中，最为人津津乐道的当数四色定理。

四色问题最先是由一位叫格思里的英国大学生提出来的。德·摩根在1852年10月23日致哈密顿的一封信中提供了有关四色问题来源的最原始的记载，他写道："任何一张地图只用4种颜色就能使具有共同边界的国家着上不同的颜色。"这句话用数学语言表示就是"将平面任意地细分为不相互重叠的区域，每一个区域总可以用1、2、3、4这4个数字之一来标记，而不会使相邻的两个区域有相同的数字"。

100多年来，数学家为证明这条定理绞尽脑汁，所引进的概念与方法刺激了拓扑学与图论的发展，但一直没有做出证明。

1976年，美国数学家阿佩尔与哈肯借助电子计算机，用了1200小时，做了上百亿次判断，终于完成了四色定理的证明，轰动全世界。美国为此发行了一枚纪念邮票，上面写着"4种颜色就够了"。

正是计算机的介入使四色猜想真正变成了四色定理，这也是用计算机解决数学问题的最具代表性的例子。